我爱科学
地理大世界

生命之源

地球水资源

SHENGMING
ZHIYUAN
DIQIUSHUIZIYUAN

主编◎邵丽鸥

吉林出版集团　吉林美术出版社 | 全国百佳图书出版单位

图书在版编目（CIP）数据

生命之源——地球水资源 / 邵丽鸥编. -- 长春：
吉林美术出版社，2014.1（地理大世界）
ISBN 978-7-5386-7798-0

Ⅰ．①生… Ⅱ．①邵… Ⅲ．①水资源－青年读物
②水资源－少年读物 Ⅳ．①TV211-49

中国版本图书馆CIP数据核字(2013)第301258号

生命之源地球水资源

编　　著	邵丽鸥
策　　划	宋鑫磊
出 版 人	赵国强
责任编辑	赵　凯
封面设计	赵丽丽
开　　本	889mm×1 194mm　　1 / 16
字　　数	100千字
印　　张	12
版　　次	2014年1月第1版
印　　次	2015年5月第2次印刷
出　　版	吉林美术出版社　吉林银声音像出版社
发　　行	吉林银声音像出版社发行部
电　　话	0431-88028510
印　　刷	三河市燕春印务有限公司

ISBN 978-7-5386-7798-0
定　　价　　39.80元

在人类生态系统中，一切被生物和人类的生存、繁衍和发展所利用的物质、能量、信息、时间和空间，都可以视为生物和人类的生态资源。

地球上的生态资源包括水资源、土地资源、森林资源、生物资源、气候资源、海洋资源等。

水是人类及一切生物赖以生存的必不可少的重要物质，是工农业生产、经济发展和环境改善不可替代的极为宝贵的自然资源。

土地资源指目前或可预见到的将来，可供农、林、牧业或其他各业利用的土地，是人类生存的基本资料和劳动对象。

森林资源是地球上最重要的资源之一，它享有太多的美称：人类文化的摇篮、大自然的装饰美化师、野生动植物的天堂、绿色宝库、天然氧气制造厂、绿色的银行、天然的调节器、煤炭的鼻祖、天然的储水池、防风的长城、天然的吸尘器、城市的肺脏、自然界的防疫员、天然的隔音墙，等等。

生物资源是指生物圈中对人类具有一定经济价值的动物、植物、微生物有机体以及由它们所组成的生物群落。它包括基因、物种以及生态系统三个层次，对人类具有一定的现实和潜在价值，它们是地球上生物多样性的物质体现。

气候资源是指能为人类经济活动所利用的光能、热量、水分与风能等，是一种可利用的再生资源。它取之不尽又是不可替代的，可以为人类的物质财富生产过程提供原材料和能源。

海洋是生命的摇篮，海洋资源是与海水水体及海底、海面本身有着直接关系的物质和能量。包括海水中生存的生物，溶解于海水中的化学元素，海水波浪、潮汐及海流所产生的能量、贮存的热量，滨海、大陆架及深海海底所蕴藏的矿产资源，以及海水所形成的压力差、浓度差等。

人类可利用资源又可分为可再生资源和不可再生资源。可再生资源是指被人类开发利用一次后，在一定时间（一年内或数十年内）通过天然或人工活动可以循环地自然生成、生长、繁衍，有的还可不断增加储量的物质资源，它包括地表水、土壤、植物、动物、水生生物、微生物、森林、草原、空气、阳光（太阳能）、气候资源和海洋资源等。但其中的动物、植物、水生生物、微生物的生长和繁衍受人类造成的环境影响的制约。不可再生资源是指被人类开发利用一次后，在相当长的时间（千百万年以内）不可自然形成或产生的物质资源，它包括自然界的各种金属矿物、非金属矿物、岩石、固体燃料（煤炭、石煤、泥炭）、液体燃料（石油）、气体燃料（天然气）等，甚至包括地下的矿泉水，因为它是雨水渗入地下深处，经过几十年，甚至几百年与矿物接触反应后的产物。

地球孕育了人类，人类不断利用和消耗各种资源，随着人口不断增加和工业发展，地球对人类的负载变得越来越沉重。因此增强人们善待地球、保护资源的意识，并要求全人类积极投身于保护资源的行动中刻不容缓。

保护资源就是保护我们自己，破坏浪费资源就是自掘坟墓。保护资源随时随地可行，从节约一滴水、少用一个塑料袋开始……

CONTENTS

目录

水资源常识

CONTENTS

水资源常识

地球在地壳表层、表面和围绕地球的大气层中存在着各种形态的，包括液态、气态和固态的水，形成地球的水圈，并和地球上的岩石圈、大气圈和生物圈共同组成地球的自然圈层，水圈和岩石圈、大气圈和生物圈相互作用，并且存在于其他圈层之中。水圈中的水在太阳能的作用下，不断交替转化，并通过全球水文循环在地球表层及大气中不断运动。因此，水圈是地球圈层中最活跃的圈层。

水圈中的水由于地球表面各地温度的差异，大部分以液态形式积存于地壳表面低洼的地方，就是海洋；有相当一部分以固态形式即冰雪存在于地球的南北两极地以及陆地的高山上；或仍以液态形式存储于地壳陆地部分上层，即地下水；或在陆地表面水体如河流、湖泊等，即陆面水；在围绕地球的大气层中仍有部分的气态水，即以水汽形式存在的大气水；以及在地球上一切动植物体内作为其组成部分存在的生物水。

●水资源的涵义 ----------------------------

水是宝贵的自然资源，也是自然生态环境中最积极、最活跃的因素。同时，水又是人类生存和社会经济活动的基本条件，其应用价值表现为水量、水质及水能三个方面。

广义上的水资源指世界上一切水体，包括海洋、河流、湖泊、沼泽、冰川、土壤水、地下水及大气中的水分，都是人类宝贵的财富，即水资源。按照这样理解，自然界的水体既是地理环境要素，又是水资源。但是限于当前的经济技术条件，对含盐量较高的海水和分布在南北两极的冰川，目前大规模开发利用还有许多困难。

　　狭义水资源不同于自然界的水体，它仅仅指在一定时期内，能被人类直接或间接开发利用的那一部分动态水体。这种开发利用，不仅目前在技术上可能，而且经济上合理，且对生态环境可能造成的影响也是可接受的。这种水资源主要指河流、湖泊、地下水和土壤水等淡水，个别地方还包括微咸水。这几种淡水资源合起来只占全球总水量的0.32%左右，约为1 065万立方千米。淡水资源与海水相比，所占比例很小，却是人类目前水资源的主体。

　　这里需要说明的是，土壤水虽然不能直接用于工业、城镇供水，但它是植物生长必不可少的条件，可以直接被植物吸收，所以土壤水应属于水资源范畴。至于大气降水，它不仅是径流形成的最重要因素，而且是淡水资源的最主要，甚至唯一的补给来源。

　　水资源的特征：

　　1.水资源的循环再生性、有限性

　　水资源与其他资源不同，在水文循环过程中使水不断的恢复和更新，属

湖　泊

可再生资源。水循环过程具有无限性的特点，但在其循环过程中，又受太阳辐射、地表下垫面、人类活动等条件的制约，每年更新的水量又是有限的，而且自然界中各种水体的循环周期不同，水资源恢复量也不同，反映了水资源属动态资源的特点。所以水循环过程的无限性和再生补给水量的有限性，决定了水资源在一定限度内才是"取之不尽，用之不竭"的。在开发利用水资源过程中，不能破坏生态环境及水资源的再生能力。

2.时空分布的不均匀性

作为水资源主要补给来源的大气降水、地表径流和地下径流等都具有随机性和周期性，其年内与年际变化都很大；它们在地区分布上也很不均衡，有些地方干旱，水量很少，但有些地方水量又很多而形成灾害，这给水资源的合理开发利用带来很大的困难。

3.利用的广泛性和不可代替性

水资源既是生活资料又是生产资料，在国计民生中用途广泛，各行各业都离不开它。从水资源利用方式看，可分为耗用水量和借用水体两种。生活用水、农业灌溉、工业生产用水等，都属于消耗性用水，其中一部分回归到水体中，但量已减少，而且水质也发生了变化；另一种使用形式为非消耗性的，例如，养鱼、航运、水力发电等。水资源这种综合效益是其他任何自然资源无法替代的。

此外，水还有很大的非经济性价值，自然界中各种水体是环境的重要组成部分，有着巨大的生态环境效益，水是一切生物的命脉。不考虑这一点，就不能真正认识水资源的重要性。随着人口的不断增长，人民生活水平的逐步提高，以及工农业生产的日益发展，用水量将不断增加，这是必然的趋势。所以，水资源已成为当今世界普遍关注的重大问题。

4.利与害的两重性

由于降水和径流的地区分布不平衡和时程分配的不均匀，往往会出现洪涝、旱碱等自然灾害。开发利用水资源目的是兴利除害，造福人民。如果开发利用不当，也会引起人为灾害，例如，**垮坝事故**、**水土流失**、次生盐渍化、**水质污染**、**地下水枯竭**、**地面沉降**、**诱发地震**等，也是时有发生的。

水的可供开发利用和可能引起的灾害，说明水资源具有利与害的两重性。因此，开发利用水资源必须重视其两重性这一特点，严格按自然和社会经济规律办事，达到兴利除害的双重目的。

水资源不只是自然之物，而且有商品属性。一些国家都建立了有偿使用制度，在开发利用中受经济规律制约，体现了水资源的社会性与经济性。

✏️ 知识点

盐渍化

土壤盐渍是指易溶性盐分在土壤表层积累的现象或过程，也称盐碱化。主要发生在干旱、半干旱和半湿润地区。

盐碱土的可溶性盐主要包括钠、钾、钙、镁等的硫酸盐、氯化物、碳酸盐和重碳酸盐。硫酸盐和氯化物一般为中性盐，碳酸盐和重碳酸盐为碱性盐。

📚 延伸阅读

可再生资源与不可再生资源

地球上的资源包括两种：可再生资源和不可再生资源。

人类开发利用后，在相当长的时间内，不可能再生的自然资源叫不可再生资源。主要指自然界的各种矿物、岩石和化石燃料，例如泥炭、煤、石油、天然气、金属矿产、非金属矿产等。这类资源是在地球长期演化历史过程中，在一定阶段、一定地区、一定条件下，经历漫长的地质时期形成的。与人类社会的发展相比，其形成非常缓慢，与其他资源相比，再生速度很慢，或几乎不能再生。

人类对不可再生资源的开发和利用，只会消耗，而不可能保持其原有储量或再生。其中，一些资源可重新利用，如金、银、铜、铁、铅、锌等金属资源；另一些是不能重复利用的资源，如煤、石油、天然气等化石燃料，当它们作为能源利用而被燃烧后，尽管能量可以由一种形式转换为另一种形式，但作为原有的物质形态已不复存在，其形式已发生变化。通过天然作用或人

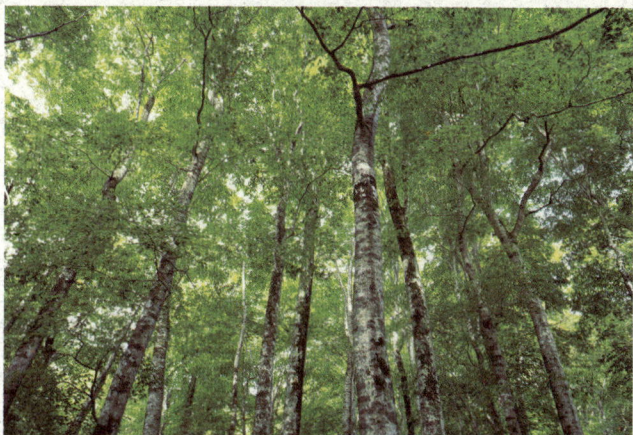

森 林

工活动能再生更新，而为人类反复利用的自然资源叫可再生资源，又称为更新自然资源，如土壤、植物、动物、微生物和各种自然生物群落、森林、草原、水生生物等。

可再生自然资源在现阶段自然界的特定时空条件下，能持续再生更新、繁衍增长，保持或扩大其储量，依靠种源而再生。一旦种源消失，该资源就不能再生，从而要求科学合理利用和保护物种种源，才可能再生，才可能"取之不尽，用之不竭"。

土壤属可再生资源，是因为土壤肥力可以通过人工措施和自然过程而不断更新。但土壤又有不可再生的一面，因为水土流失和土壤侵蚀可以比再生的土壤自然更新过程快得多，在一定时间和一定条件下也就成为不能再生的资源。

可再生能源泛指多种取之不竭的能源，严谨来说，是人类有生之年都不会耗尽的能源。可再生能源不包含现时有限的能源，如化石燃料和核能。不仅非可再生资源的数量是有限的，在一定的时间跟空间尺度内，可再生资源的数量也是有限的。也就是说，可再生资源也并不是"取之不尽，用之不竭"的资源，它是一个动态的概念。可再生资源只有在我们控制了量的情况下，权衡了开采量及该资源的再生量，使我们的开发利用速率小于其形成速率的条件下，才是"取之不尽，用之不竭"的。

大部分的可再生能源其实都是太阳能的储存。可再生的意思并非提供10年的能源，而是百年甚至千年的。

随着能源危机的出现，人们开始发现可再生能源的重要性。

●天然水的形成 ————————————————————

水是地球的一部分，水的发生和变化规律是地球历史起源和发展规律的一种表现，也就是说，水的起源与地球的起源密切相关。关于地球的起源问题，至今在认识上还存在着很大的分歧。所以，水的起源也只是有一系列的假说。学者们对全球大洋水的来源有32种假说，这些假说归纳起来可分成两类：

第一类假说认为，在初始的物质中存在一种H_2O分子的原始星云，类似于现在平均含水0.5%的陨石。

第二类假说指出，在星云凝聚成初始行星，在地球形成后才有形成水的原始元素——氢和氧。

星 云

地球的形成是在距今6亿年以前，在星际空间的各个部位，几乎均匀地弥散无数的气体与尘埃，它们是冷却的星际物质，呈围绕太阳旋转的近平面圆环，各自缓慢地运动。此后，在这个时期里，这些星际物质在运动过程中由于气体的摩擦和彼此间无弹性地碰撞，尘埃运动的速度逐渐变小，且沉降于星云的中心平面上，从而，在此生成尘埃密度相对较大的盘状星云。盘状星云密度逐渐加大，变成薄盘时，发生破裂并生成浓聚的尘团。这些浓聚尘团又进一步变密加实，融合成大量小天体，成群结队地飞旋于宇宙空间之中。

科学家们已经查明，在现今的星际物质、宇宙线、银河系和太阳以及巨行星的化学成分中，氢元素（H）均占优势，氧（O）在某些星体的内部由于氢的"燃烧"所产生的物质（氮、碳）变异而成。在宇宙中，由于温度和压力值的变化范围很大，氢和氧可以在适宜的条件下化合，生成羟基（OH）。美国和澳大利亚的天文学家曾经在1963年发现，银河系核部具有强烈而广泛的OH吸收带，那里，羟基的浓度极大。在宇宙中，OH进一步经过复杂的变化，可以生成许多其他分子和离子，如H_2O，（H_3O^+），（H_2O^+），（H_2O_2）$^{2-}$等。其中，水分子（H_2O）是最稳定的。由此可见，在气体—尘埃云弥散物质聚集的过程中，完全可能捕获这种聚合水分子。

在地球形成阶段，当温度升高，内部脱气时，物质分异组成地球圈层，氢、氧从地球中部运移到它的边缘的过程中，由于物理作用和化学作用才形成H_2O分子。水流到年轻的地球表面，并与其他气体一起逸入大气圈。它的变化过程与现代火山喷发时所产生的事件相仿。当时，30亿年前的火山活动比现在强烈、普遍和频繁。

假设，水圈增长均匀地进行，据科学家粗略统计，它的增长速度约为0.6立方千米/年。在研究中，有若干资料说明大洋面近1 000年内上升了1.3米。最新资料指出，大洋面在近60年（1900—1960年）内上升了12厘米。用这种速度推求出大洋面每1 000年上升2米。如果取上述两者的平均值，每1 000年则上升了1.65米。按照这样的速度计算，5亿年内将出现一个非常惊人的数字，大洋的厚度将增长83千米。根据推测，近代洋面的异常增长速度可能是多种因素综合作用的结果，这些因素与气候变暖，造成冰川消退，水温升高，以及与地球内部水的增加有关。

在地球内部，地表及大气圈都可以产生新的水分子，事实上也正在产生新的水分子，而地球内部在矿物脱水时亦分解出H_2O分子。在一定温度条件下，由一氧化碳或二氧化碳与氢作用而合成水。例如在1 000℃时，

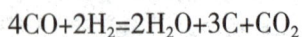

$$4CO+2H_2=2H_2O+3C+CO_2$$

或在炽热情况下，

$$CO_2+H_2=CO+H_2O$$

地球表面和地球大气圈里的碳氢化合物燃烧时，也形成原生水，

$$CH_4+2O_2=CO_2+2H_2O$$

比如，蜡烛、汽油、煤、陨石等燃烧时都会产生这一过程。

另外，"太阳风"把有重粒子（质子）的微粒带到大气圈里，而这些微粒在大气圈中与电子结合时便变成氢和氧的原子，并形成水。

根据荷兰的天文学家奥尔特的假设，认为地球水的主要来源是我们这颗行星的深层内部。地球内部是指岩石圈和上地幔。应当指出，岩石圈的全部物质一半是由硅组成。喷出岩和侵入岩平均含60%（从40%～80%）的硅形成物，就是说，在我们研究的深度上硅酸盐占优势，而硅酸盐与水的相互作用是肯定的。

美国学者肯尼迪等人认为，岩石在熔化中完全混合时，含有硅酸盐75%，含水25%。这种现象与其说是硅酸盐在水中溶解，不如说是水在硅酸盐中溶解，水能够强烈地降低熔融体的黏滞性和熔化的温度。在此过程中，这种混合物能把大量硅酸盐从地球深部搬运到地表。美国学者的研究和威尔纳茨基地球化学的实验资料指出，熔融体中水的含量在压力为$1.5×10^8Pa$、温度为1万℃时，钠长石中含水量占30%。

学者科尔任斯基认为，在上地幔的上层及中下层岩石圈里上升的溶液，

可以从深部携带水、二氧化碳气、碱金属、碱土金属和溶解于水中的其他成分。这是一种渗透过程，并与扩散作用形影相随。

在讨论天然水的化学成分时，应当注意，淡水是岩石圈表面最罕

卫　星

见的水，它只占地表水的2%。淡水中主要是重碳酸水，其次是硫酸水和氯化物水。岩石圈上层地下自由（重力）水总量的98%是矿化水、盐水和以氯化物为主的卤水。

衣阿华大学物理学家路易斯·弗兰克曾提出："地球上的海水是从空间落下无数黑雪球溶化而成的"，该论点曾经引起怀疑，但在美国召开的地球物理协会会议上，来自欧洲和加拿大的研究报告支持了这一论断。

弗兰克以"探索者1号"卫星在1981—1986年搜集到的数据作为理论根据，通过紫外线光谱研究地球周围的大气，发现了许多无法解释的穿过大气层的空洞。弗兰克经分析，否定了许多解释后，断定这些空洞只能是空间雪球造成的，这些雪球表面有一层黑色的碳氢化合物，每块质量有100吨，每年有1 000万块下落地球，在接近地球时破碎，然后在大气中急骤蒸发成水蒸气。最后水蒸气凝结成水，落到地球上。

✏️ 知识点

陨　石

陨石是地球以外未燃尽的宇宙流星脱离原有运行轨道或成碎块散落到地球或其他行星表面的、石质的、铁质的或是石铁混合物质，也称"陨星"。大多数陨

石来自小行星带，小部分来自月球和火星。

陨石根据其内部的铁镍金属含量高低通常分为三大类：石陨石、铁陨石、石铁陨石。石陨石中的铁镍金属含量小于等于30%，石铁陨石的铁镍金属含量在30%～65%之间，铁陨石的铁镍金属含量大于等于95%。

大部分陨石是球粒陨石（占总数的91.5%），其中普通球粒陨石最多（占总数的80%）。球粒陨石的特点是其内部含有大量毫米到亚毫米大小的硅酸盐球体。球粒陨石是太阳系内最原始的物质，是从原始太阳星云中直接凝聚出来的产物，它们的平均化学成分代表了太阳系的化学组分。

延伸阅读

地球起源之谜

地球的起源、地球上生命的起源和人类的起源，被喻为地球科学的三大难题。尤其是地球的起源，长期以来信奉上帝创造世界的宗教观念，哥白尼、伽利略、开普勒和牛顿等人的发现彻底推翻了神创说，之后开始出现各种关于地球和太阳系起源的假说。德国哲学家康德1755年设想因较为致密的质点组成凝

陨 石

云且相互吸引而成为球体、因排斥而使星云旋转，是关于地球起源的第一个假说，尽管今天已失去科学意义。

法国数学家兼天文学家拉普拉斯1796年提出行星由围绕自己的轴旋转的气体状星云形成说。星云因旋转而体积缩小，其赤道部分沿半径方向扩大而成扁平状，之后从星云分离出去而成一个环，颇像土星的光环。环的性质是不均一的，物质可聚集成凝云，发展为行星。按相同的原理和过程，从行星脱离出来的物质形成卫星。

拉普拉斯的假说既简单动人，又解释了当时所认识的太阳系的许多特点，以至竟统治了整个19世纪。

前苏联的天文学家费森柯夫认为太阳因高速旋转而成梨形和葫芦形，最后在细颈处断开，被抛出去的物质就成了行星。抛出物质后太阳缩小，旋转变慢；一旦旋转加快，又可能成梨形而抛出一个行星，逐渐形成行星系。

施密特设想太阳在参加银河系的转动中，在穿越黑暗物质云时俘获了一部分尘埃和流星的固体物质，在其周围形成粒子群。后者在太阳引力作用下围绕太阳做椭圆运动并与太阳一起继续其在银河系的行程，最后从这些粒子群发展为行星和彗星（一部分成了流星和陨星）。

当然还有其他形形色色的假说，如英国天文学家金斯。他认为地球也是太阳抛出的，抛出的机制，在于某个恒星从太阳旁边经过，两者间的引力在太阳上拉出了雪茄状的气流，气流内部冷却，尘埃物质集中，凝聚成陨石块，逐步凝聚成行星。由于被拉出的气流是中间粗两头细（雪茄状），故大行星在中间，小行星在两端。

人类进入宇宙时代以来，发现行星和卫星上有大量的撞击坑。1977年，肖梅克提出：固态物体的撞击是发生在类地行星上所有过程中最基本的。在此基础上提出了宇宙撞击和爆炸的假说。这种撞击是分等级的，第四级的撞击形成月亮这样的卫星。具体过程是：一个撞击体冲击原始地球，引起爆炸，围绕地球形成一个气体、液体、尘埃和"溅"出来的固态物质组成的带，最初是碟状的，因旋转的向心力作用而成球状，失去了部分物质的地球也重新成为球状。

●自然界中的水循环 ————————————————

在自然因素与人类活动影响下，自然界各种形态的水处在不断运动与相互转换之中，形成了水文循环。

水文循环是指地球上各种形态的水在太阳辐射、地心引力等作用下，通过蒸发、水汽输送、凝结降水、下渗以及径流等环节，不断地发生转换的周而复始的运动过程。

形成水文循环的内因是固态、液态、气态水随着温度的不同而转移交换，外因主要是太阳辐射和地心引力。太阳辐射促使水分蒸发、空气流动、冰雪融化等，它是水文循环的能源，地心引力则是水分下渗和径流回归海洋的动力。人类活动也是外因，特别是大规模人类活动对水文循环的影响，既可以使各种形态的水相互转换和运动，加速水文循环，又可能抑制各种形态水之间的相互转化和运动，减缓水文循环的进程。但水文循环并不是单一的和固定不变的，而是由多种循环途径交织在一起，不断变化、不断调整的复杂过程。

按水文循环的过程可将水循环分为大循环（或称海陆循环）与小循环（包括海循环和陆循环）。

海陆之间的水分交换称为大循环。由于海陆分布不均匀与大气环流的作用，构成了地球上水的若干个大循环，这些循环随季节有所变动。

在大循环过程中交织着一些小循环。由海洋面上蒸发的水汽，再以降水形式直接落到海洋面上，或从陆地蒸发的水汽再以降水形式落到陆面上，这种循环为小循环。

在水文循环过程中，天空、地面与地下的水分，通过降水、蒸发、下渗、径流等方式进行水分交换，海洋水与陆地水也进行水分交换。海洋向陆地输送水汽，而陆地水形成径流注入海洋。

河流中的水，日夜不停地注入海洋，其来源主要是天空中的降水，而形成降水的天空水汽，主要靠地球表面的蒸发。如果大陆上的降水量的蒸发量和降水量相同，便没有多余的水量注入海洋。由此可见，大陆上的降水量要比蒸发量大。这些多余的水汽量显然是从海洋上来的，

海洋

因而海洋上的蒸发量必然比降水量大，才能有多余的水汽输送到大陆，而大陆产生径流注入海洋，这才能构成海陆间的水文循环。

必须指出，海洋向大陆输送水汽并不是单方面的，而是海陆水汽交换的结果。从海洋上蒸发的水汽借助气流带向大陆，而大陆上蒸发的水汽又随着气流被带向海洋，前者比后者大，因此，海洋向大陆的有效水汽输送量为两者之差。据估计这部分水汽，大约只占海洋蒸发量的8%。

水循环是自然界中水的广泛运动形式。既然是运动，就需要有能量。在自然界中，不消耗能量的运动是没有的。那么作为地球上重要的循环之一的水循环所需要的巨大能量来自何方呢？

简单地说，这巨大的能量主要是来自太阳。我们知道，太阳距离地球是比较遥远的（平均距离约为1.5亿千米）。但是，主要是由炽热气体氢和氦构成的太阳，其内部在高温高压下一直发生着氢原子核聚变为氦原子核的核聚变反应，从而使太阳损失不大的质量，就能够在亿万年的漫长岁月里源源不断地释放出巨大的能量。太阳中心的温度高达1 500万℃，即使太阳的外部——表面和大气层也有很高的温度。太阳这巨大的能量是以电磁波的形式向宇宙空间瞬息不停地放射着，这称之为太阳辐射。由于太阳表面的温度很高，使太阳的辐射能主要集中在波长较短的可见光部分，为此，我们又把太

阳辐射称为短波辐射。

太阳辐射中，仅有极微小部分（约为二十亿分之一）到达地球，但这已经是很大的能量了，它相当于太阳每分钟向地球输送燃烧4亿吨烟煤所产生的热量。实际上，太阳放射到地球上的能量，并未全部到达地球表面，在穿过地球"外衣"——厚厚的大气层时，被大气吸收了约1/5。就是到达地球表面的太阳辐射，也没有被地面全部吸收，有相当部分又被地面和大气反射到茫茫浩空之中。真正被地球表面所吸收的太阳辐射能还不到太阳向地球输送能量的一半。然而，就是这些能量，对地球来说就足够了，并且甚至可以说恰到好处。太阳为地球的繁荣昌盛，为自然界中包括水循环在内的大大小小的循环运动，提供了毫无代价的能源。

由于受太阳的辐射，茫无际涯的海洋表面的水（或冰、雪），获得热能后，产生足够的动能，由液相的水（或固相的冰、雪），变为气相的水汽。这水汽随大气流运行，被输送到大陆上空。

在一定条件下，水汽凝结，形成降水。降落到地面的水，部分蒸发，返回大气；部分在重力作用下，按"水往低处流"的规律，或沿地面流动，形成地表径流；或渗入地下，形成地下径流。这两种径流经过河网汇集及海岸排泄，返回海洋。从而实现了海洋与陆地之间的这种最重要的水循环运动。

在海陆水文交换构成水文循环的过程中，并不是一成不变的水的"团团转"，而是由无数个蒸发—降水—径流的小循环交织而成。由于地面受太阳辐射强弱的不同及地理条件的差异，造成了水循环在各

雪

地区和不同年份都有很大的差别，也形成了多水的湿润地区和少水的干旱地区，每个地区在时程上也存在着洪涝年份和干旱年份的差别。

从海洋蒸发的水汽，其中一部分被气流带至大陆上空，遇冷凝结降雨，在海洋边缘地区，部分降雨形成径流返回海洋；部分水汽则蒸发上升，随同海洋输送来的水汽被气流带往离海洋较远的内陆地区上空，遇冷凝结降雨，其中一部分形成径流，一部分蒸发上升，继续向内陆推进循环。这样愈向内陆水汽愈少，直至远离海洋的内陆，由于空气中水汽含量很少而不能形成雨雪。这种循环过程称为内陆水文循环，又称大陆上局部地区的水文循环。

内陆水文循环对降水的形成和分布具有相当重要的作用，对河川径流等水文现象有着重要的影响。在局部地区的水文循环过程中，水汽不断地向内陆输送，但越往内陆，输送的水汽量越少，这是因为有部分水汽变成径流，最终将流入海洋，对内陆水文循环不起作用。也就是说，从海洋吹向大陆的水汽因沿途损耗而越来越少。所以，远离海洋的内陆腹地往往比较干旱，降水量较少，径流量也较小。从陆地蒸发的水分，一部分将借助气流向内陆移运，但这部分水汽量往往并不大。

气候潮湿、水量丰富的地区，蒸发量较大，水文循环也比较旺盛和活跃。反过来说，在水文循环活跃的地区，蒸发量必然较大，与不活跃地区相比，降水量将增大。活跃的水文循环不仅对本地区的内部降水，而且对相邻地区的水汽输送都是很有利的，使水分有可能较多深入内陆腹地，形成该处较大的河流。

影响水文循环的因素很多，但都是通过对影响降水、蒸发、径流和水汽输送而起作用的。归纳起来有三类：

1.气象因素：如风向、风速、温度、湿度等；

2.下垫面因素：即自然地理条件，如地形、地质、地貌、土壤、植被等；

3.人类改造自然的活动：包括水利措施、农林措施和环境工程措施等。

在这三类因素中，气象因素是主要的，因为蒸发、水汽输送和降水这三个环节，基本上决定了地球表面上辐射平衡和大气环流状况。而径流的具体情势虽与下垫面条件有关，但其基本规律还是决定于气象因素。下垫面因素主要是通过蒸发和径流来影响水文循环。有利于蒸发的地区，往往水文循环很活跃，而有利于径流地区，则恰好相反，对水文循环是不利的。人类改造自然的活动，

改变了下垫面的情况，通过对蒸发、径流的影响而间接影响水文循环。

水利措施可分为两类：一个是调节径流的水利工程，如水库、渠道、河网等；另一个是坡面治理措施，如水平沟、鱼鳞坑、土地平整等。

农林措施如坡地改梯田、旱地改水田、深耕、密植、封山育林等。修水库以拦蓄洪水，使水面面积增加，水库淹没区原来的陆面蒸发变为水面蒸发，同时又将地下水位抬高，在其影响范围内的陆面蒸发也随之增加。

此外，坡面治理措施和农林措施，也都有利于下渗，有利于径流。在径流减小、蒸发加快后，降水在一定程度上也有所增加从而促使内陆水循环的加强。

水循环有着巨大无可替代的意义，水循环运动无论从其广泛性还是从其重要性来说都是无与伦比的。这种循环运动，使地球上所有水体的水都或多或少、或快或慢、无时无刻地参与进行着。

水循环在自然界的四大圈层内的运行过程中，起到了联系四大圈层的纽带作用，并在它们之间进行着能量转换；同时因水在运动中携带溶解物质和不溶的泥沙等，从而使物质迁移。尤为重要的是，由于水循环运动，使大气降水、地表水、地下水等之间不停地相互转化，因而使水资源形成不断更新的统一系统，并且始终保证了地球上淡水与咸水之间在数量方面相对稳定的比例关系。

水是生命之母。请设想，如果没有水循环，地球上有水的地方将永远是汪洋一片或冰天雪地，无水的地方将永远是无比的干燥，那云、雾、雨、雪等必要的、丰富多彩的天气现象也就自然不会发生。生物能够生存

的空间将十分狭小，广大陆地将是绝对荒凉的不毛之地，不仅没有飞禽走兽之类的动物，也不会有千姿百态的植物，即使那极其微小的微生物也难以生存……

由于地球上水的循环，将地球上"四大圈层"中所有水资源都纳入到一个连续地、永不休止地循环之中，从而使水成为地球上唯一一种世界性的不断更新的资源，也是我们这个星球——地球上唯一一种能够自然恢复的物质。

知识点

鱼鳞坑

鱼鳞坑是一种水土保持造林整地方法，在较陡的梁峁坡面和支离破碎的沟坡上沿等高线自上而下的挖半月形坑，呈品字形排列，形如鱼鳞，故称鱼鳞坑。鱼鳞坑具有一定蓄水能力，在坑内栽树，可保土保水保肥。

鱼鳞坑

延伸阅读

地球的"四大圈层"

1. 大气圈

大气圈是地球外圈中最外部的气体圈层，存在于整个地球外层。大气圈是地球海陆表面到星际空间的过渡圈层，没有明显的上限，一直可以延续到800千米高度以上，只是越趋向外大气越少，在2 000～16 000千米高空仍有稀薄的气体和基本粒子。它包围着海洋和陆地。地下土壤和某些岩石中也会有少量空气，它们也可认为是大气圈的一个组成部分。

大气圈对生物的形成、发育和保护有很大的作用。由于大气圈的存在，挡住绝大多数飞向地球的陨石，拦截下太阳辐射中的大部分紫外线和来自宇宙的高能粒子流，保护了地球生命，免遭外来的打击。因此，大气圈是地球表面和生命的盾牌。

2. 水圈

水圈是指连续包围地球表面的水层，包括海洋、江河、湖泊、沼泽、冰川和地下水等，它是一个连续但不很规则的圈层。既有液态水，也包括气态水和固态水。

从离地球数万千米的高空看地球，可以看到地球大气圈中水汽形成的白云和覆盖地球大部分的蓝色海洋，它使地球成为一颗"蓝色的行星"，又是一颗"水球"。

水圈是地球特有的环境优势。水圈的运动和循环影响了地球上各种环境条件的变化，影响各个圈层，使地球处在不断地变换之中。更重要的是水对亿万种生命以及人类能在地球上生存和发展，具有决定性的意义。

3. 生物圈

生物圈是太阳系所有行星中仅在地球上存在的一个独特圈层。生物圈是指地球表层生物有机体及其生存环境的总称，是一个有生命的特殊圈层。

生物圈是地球特有的圈层，它是地球大气、水和地壳长期演化、相互作用的结果，它又参与了对岩石、大气和水等其他圈层的改造，对地表物质的循环、能量转换和积聚具有特殊作用。

4. 岩石圈

对于地球岩石圈，除表面形态外，是无法直接观测到的。它主要由地球的地壳和地幔圈中上地幔的顶部组成，从固体地球表面向下穿过地震波在近33千米处所显示的第一个不连续面（莫霍面），一直延伸到软流圈为止。岩石圈厚度不均一，平均厚度约为100千米。

由于岩石圈及其表面形态与现代地球物理学、地球动力学有着密切的关系，因此，岩石圈是现代地球科学中研究得最多、最详细、最彻底的固体地球部分。

由于洋底占据了地球表面总面积的2/3之多，而大洋盆地约占海底总面积的45%，其平均水深为4 000～5 000米，大量发育的海底火山就是分布在大洋盆地中，其周围延伸着广阔的海底丘陵。因此，整个固体地球的主要表面形态可认为是由大洋盆地与大陆台地组成，对它们的研究，构成了与岩石圈构造和地球动力学有直接联系的"全球构造学"理论。

●降　水

降水是自然界中发生的雨、雪、露、霜、霰、雹等现象的统称。其中以雨、雪为主。

降水是水循环过程的最基本环节，又是水量平衡方程中的基本参数。降水是地表径流的本源，亦是地下水的主要补给来源。降水在空间分布上的不均匀与时间变化上的不稳定性又是引起洪、涝、旱灾的直接原因。所以在水文与水资源学的研究和实际工作中，十分重视降水的分析与计算。

降水（总）量

降水总量是指一定时段内降落在某一面积上的总水量。一天内的降水总量称日降水量，一次降水总量称次降水量。单位以mm计。

降水历时与降水时间

前者指一场降水自始至终所经历的时间，后者指对应于某一降水而言，其时间长短通常是人为划定的，在此时段内并非意味着连续降水。

降水强度

降水强度简称雨强，指单位时间内的降水量，以mm/min或mm/h计。在实际工作中，常根据雨强进行分级。

降水面积

即降水所笼罩的面积，以立方千米计。

为了充分反映降水的空间分布与时间变化规律，常用降水过程线、降水累积曲线、等降水量线以及降水特性综合曲线表示。

降水过程线是指以一定时段（时、日、月或年）为单位所表示的降水量在时间上的变化过程，可用曲线或直线图表示。它是分析流域产流、汇流与洪水的最基本资料。此曲线图只包含降水强度、降水时间，而不包含降水面积。此外，如果用较长时间为单位。由于时段内降水可能时断时续，因此过

丘陵山区

程线往往不能反映降水的真实过程。

降水是受地理位置、大气环流、天气系统条件等因素综合影响的产物，由于地理位置和大气环流对降水的影响与本文关系偏远，因此这里主要介绍地形、森林、水体等条件以及人类活动对降水的影响。

地形主要通过气流的屏障作用与抬升作用对降水的强度与时空分布发生影响。许多丘陵山区的迎风坡常成为降水日数多、降水量大的地区，而背向的一侧则成为雨影区。1963年8月海河流域邢台地区的特大暴雨，其南区就是沿着太行山东麓迎风侧南北向延伸，呈带状分布，走向与太行山走向一致，即是典型实例。

地形对降水的影响程度决定于地面坡向、气流方向以及地表高程的变化。山地降雨随高程的增加而递增。但是，这种地形的抬升增雨并非是无限制的，当气流被抬升到一定高度后，雨量达最大值。此后雨量就不再随地表高程的增加而继续增大，甚至反而减少。

森林对降水的影响极为复杂，至今还存在着各种不同的看法。例如，法国学者F．哥里任斯基根据对美国东北部大流域的研究得出结论，大流域上森林覆盖率增加10%，年降水量将增加3%。根据前苏联学者在林区与无林地区的对比观测，森林不仅能保持水土，而且直接增大降水量，例如，在马里波尔平原林区上空所凝聚的水平降水，平均可达年降水量的13%。

另外一些学者认为森林对降水的影响不大。例如K．汤普林认为，森林不会影响大尺度的气候，只能通过森林中的树高和林冠对气流的摩阻作用，起到微尺度的气候影响，它最多可使降水增加1%～3%，H．L．彭曼收集了亚、非、欧和北美洲地区14处森林多年实验资料，经分析也认为森林没有明显的增加降水的作用。

第三种观点认为，森林不仅不能增加降水，还可能减少降水。例如，我国著名的气象学者赵九章认为，森林能抑制林区日间地面温度升高，削弱对流，从而可能使降水量减少。另据实际观测，茂密的森林全年截留的水量，可占当地降水量的10%～20%，这些截留水，主要供雨后的蒸发。例如，美国西部俄勒冈地区生长美国松的地区，林冠截留的水量可达年降水量的24%。这些截留水从流域水循环、水平衡的角度来看，是水量损失，应从降水总量中扣除。

以上三种观点都有一定的根据，亦各有局限性。而且即使是实测资料，也往往要受到地区的典型性、测试条件、测试精度等的影响。总体来说，森林对降水的影响肯定存在，至于影响的程度，是增加或是减少，还有待进一步研究。并且与森林面积、林冠的厚度、密度、树种、树龄以及地区气象因子、降水本身的强度、历时等特性有关。

至于水体对降水的影响，陆地上的江河、湖泊、水库等水域对降水量的影响，主要是由于水面上方的热力学、动力学条件与陆面上存在差异而引起的。

"雷雨不过江"这句天气谚语，形象地说明了水域对降水的影响。这是由于大水体附近空气对流作用，受到水面风速增大、气流辐散等因素的干扰而被阻，从而影响到当地热雷雨的形成与发展。

人类对降水的影响一般都是通过改变下垫面条件而间接影响降水，例如，植树造林，或大规模砍伐森林、修建水库、灌溉农田、围湖造田、疏干沼泽等，其影响的后果有的是减少降水量，有的增大降水量。

在人工直接控制降水方面，例如人工耕云播雨，或者驱散雷雨云，消除雷电等，虽然这些方法早已得到了实际的运用，但迄今只能对局部地区的降水产生影响，而且由于耗资过多，一般较少进行。

修建水库

知识点

霰

白色不透明的圆锥形或球形的颗粒固态降水，下降时常显阵性，着硬地常反弹，松脆易碎在高空中的水蒸气遇到冷空气凝结成的小冰粒，多在下雪前或下雪时出现。夏天，在高山地区，天空里经常有许多过冷水滴围绕着结晶核冻结，形成了一种白色的没有光泽的圆团形颗粒，气象学上把这种东西叫做霰，在不同的地区有米雪、雪霰、雪子、雪糁、雪豆子等名称。

霰

霰的直径一般在0.3～2.5毫米之间，性质松脆，很容易压碎。霰不属于雪的范畴，但它也是一种大气固态降水。常发生在0℃，也可能存在−40℃附近的温度，而且属于未结冻的状态，霰通常于下雪前或下雪时出现。

延伸阅读

关于天象与降水的谚语

1. 风与降水

"南风吹到底，北风来还礼"，这是冷空气经过前后风向的转换情况。冷空气南下到达本地之前，受暖气团影响盛吹偏南风，冷空气到达时，转为偏北风，风向转变前后，天气转阴有雨。

"西北风，开天锁，雨消云散天转晴"，吹西北风，表示本地已受干冷气团控制，预示天气转晴。

"云交云，雨淋淋"、"逆风行云天要变"，说明大气高低层风向不一致，易引起空气上下对流，产生雷雨等对流性天气。

2.云与降水

"云是天气的招牌"。云的形状、高低、移向直接反映了当时天气运动的状态，预示着未来天气的变化。民间很重视看云测天。

"云往东，一场空，云往西，水凄凄；云往南，雨成潭，云往北，好晒谷。"云往东或东南移动，表明高空吹西到西北风，故有"云往东，一场空"。"云往西"，指春夏之交，云从东或东南伸展过来，常是台风侵袭的征兆，所以会"水凄凄"了。云向南移，说明冷空气南下，冷暖气团交汇，所以，"云往南，雨成潭"。云向北移，表明本地区受单一暖气团控制，天气无雨便"好晒谷"了。

天空上下云层一致，天气比较晴好。高低层云移向不一致，天气变化会很剧烈、复杂。正如谚语所说"天上乱交云，地上雨倾盆"、"顺风船，顶风雨"、"逆风行云天要变"。

有许多谚语是看天的颜色测天，如"乌云块块叠，雷雨眼面前"、"火烧乌云盖，有雨来得快"、"人黄有病，天黄有雨"、"日出红云升，劝君莫出门"、"傍晚黄胖云，明朝大雨淋"等。

3.雷与降水

民间群众常根据雷声预测天气，"雷公先唱歌，有雨也不多"，这条谚语指的是未下雨之前就雷声隆隆，表明这次下雨是局部地区受热不均匀等热力原因形成的，又叫热雷雨，雨量不大，时间很短，局地性强，常出现"夏雨隔条河，这边下雨，那边晒日头"的现象。

"先雨后雷下大雨，不紧不慢连阴雨"、"雷声水里推磨，下雨漫满河"。这几条谚语指先下雨，雨后静风、闷热，雨势越来越猛，雷声不绝，预示要降暴雨；如在降雨过程中，雷声不紧不慢，打打停停，

雷 雨

预示会出现连续阴雨。

"西南雷轰隆，大雨往下冲"，指西南方位起雷暴，来得慢，雨势猛，时间长。"西北雷声响，霎时雨滴滴"，西北方雷雨来得快，风力大，有红云时还会降冰雹。

"东北方响雷，雨量不大"、"东南雷声响，不见雨下来"，也是根据打雷的方向判定雨量的大小。

4.雾与降水

"白茫茫雾晴，灰沉沉雾雨"，有雾时，天空白茫茫，预示着晴天，如天气灰沉沉，预示雨天要来。"久晴大雾雨，久雨大雾晴"，久晴之后，空气中水汽较少，不易形成大雾，如有大雾出现，表明有暖湿空气移来，北方冷空气影响时，会转阴雨。久雨之后，冷空气已控制本地，夜间云层消散，微风，早晨出现大雾，阴雨结束转晴。

不同季节出现大雾，预示未来天气也不一样。"春雾雨，夏雾热，秋雾凉风，冬雾雪"，指春天出现大雾，天要转阴雨；夏天大雾消散后，天气晴热；秋天有雾，表明有冷空气南下，会出现连续有雨；冬天有大雾，预示最近要下雪。

● 蒸 发 ————————————————————————

蒸发是水由液体状态转变为气体状态的过程，亦是海洋与陆地上的水返回大气的唯一途径。由于蒸发需要一定的热量，因而蒸发不仅是水的交换过程，亦是热量的交换过程，是水和热量的综合反映。

蒸发因蒸发面的不同，可分为水面蒸发、土壤蒸发和植物散发等。其中土壤蒸发和植物散发合称为陆面蒸发，流域（区域）上各部分蒸发和散发的总和，称为流域（区域）总蒸发。

水面蒸发

水面蒸发是在充分供水条件下的蒸发。从分子运动论的观点来看，水面蒸发是发生在水体与大气之间界面上的分子交换现象。包括水分子自水面逸出，由液态变为气态，以及水面上的水汽分子返回液面，由气态变为液态。

通常所指的蒸发量，即是从蒸发面跃出的水量和返回蒸发面的水量之差值，称为有效蒸发量。

从能态理论观点来看，在液态水和水汽两相共存的系统中，每个水分子都具有一定的动能，

能逸出水面的首先是动能大的分子，而温度是物质分子运动平均动能的反映，所以温度愈高，自水面逸出的水分子愈多。由于跃入空气中的分子能量大，蒸发面上水分子的平均动能变小，水体温度因而降低。

单位质量的水，从液态变为气态时所吸收的热量，称为蒸发潜热。反之，水汽分子因本身受冷或受到水面分子的吸引作用而重回水面。发生凝结，在凝结时水分子要释放热量，在相同温度下，凝结潜热与蒸发潜热相等。所以说蒸发过程既是水分子交换过程，亦是能量的交换过程。

植物蒸腾

植物蒸腾又称植物散发，其过程大致是：植物的根系从土壤中吸收水后，经根、茎、叶柄和叶脉输送到叶面，并为叶肉细胞所吸收，其中除一小部分留在植物体内外，90%以上的水分在叶片的气腔中汽化而向大气散逸。所以植物蒸发不仅是物理过程，也是一种生理过程，比起水面蒸发和土壤蒸发来要复杂得多。

植物对水的吸收与输送功能是在根土渗透势和散发拉力的共同作用下形成的，其中根土渗透势的存在是植物本身所具备的一种功能，它是在根和土共存的系统中，由于根系中溶液浓度和四周土壤中水的浓度存在梯度差而产生的。这种渗透压差可高达10余个大气压，使得根系像水泵一样，不断地吸取土壤中的水。

散发拉力的形成则主要与气象因素的影响有关。当植物叶面散发水汽后，叶肉细胞缺水，细胞的溶液浓度增大，增强了叶面吸力，叶面的吸力又通过植物内部的水力传导系统（即叶脉、茎、根系中的导管系统）而传导到

根系表面，使得根的水势降低，与周围的土壤溶液之间的水势差扩大，进而影响根系的吸力。这种由于植物散发作用而拉引根部水向上传导的吸力，称为散发拉力，散发拉力吸收的水量可达植物总需水量的90%以上。

由于植物的散发主要是通过叶片上的气孔进行的，所以叶片的气孔是植物体和外界环境之间进行水汽交换的门户。而气孔则有随着外界条件变化而收缩的性能，从而控制植物散发的强弱。一般来说，在白天，气孔开启度大，水散发强，植物的散发拉力也大，夜晚则气孔关闭，水散发弱，散发拉力亦相应地降低。

土壤蒸发

土壤蒸发是发生在土壤孔隙中的水的蒸发现象，它与水面蒸发相比较，不仅蒸发面的性质不同，更重要的是供水条件的差异。土壤水在汽化过程中，除了要克服水分子之间的内聚力外，还要克服土壤颗粒对水分子的吸附力。

从本质上说，土壤蒸发是土壤失去水分的干化过程。随着蒸发过程的持续进行，土壤中的含水量会逐渐减少，因而其供水条件越来越差，土壤的实际蒸发量亦随之降低。

影响蒸发的因素复杂多样，其中主要有以下三个方面：

1.供水条件

通常将蒸发面的供水条件区分为充分供水和不充分供水两种，一般将水面蒸发及含水量达到田间持水量以上的土壤蒸发，均视为充分供水条件下的蒸发，而将土壤含水量小于田间持水量情况下的蒸发，称为不充分供水条件下的蒸发。通常，将处在特定的气象环境中，具有充分供水条件的可能达到的最大蒸发量，称为蒸发能力，又称潜在蒸发量或最大可能蒸发量。对于水面蒸发而言，自始至终处于充分供水条件下，因此可以将相同气象条件下的自由水面蒸发，视为区域（或流域）的蒸发能力。

由于在充分供水条件下，蒸发面与大气之间的显热交换与内部的热交换都很小，可以忽略不计，因而辐射平衡的净收入完全消耗于蒸发。

但必须指出，实际情况下的蒸发，可能等于蒸发能力，亦可能小于蒸发能力。此外，对于某个特定的蒸发面而言。其蒸发能力并不是常数，而要随着太阳辐射、温度、水汽压差以及风速等条件的变化而不同。

2.动力学与热力学因素

影响蒸发的动力学因素主要有以下三方面：

（1）水汽分子的垂向扩散：通常，蒸发面上空的水汽分子，在垂向分布上极不均匀。愈近水面层，水汽含量就愈大，因而存在着水汽含量垂向梯度和水汽压梯度。于是水汽分子有沿着梯度方向运行扩散的趋势。垂向梯度愈显著，蒸发面上水汽的扩散作用亦愈强烈。

（2）大气垂向对流运动：垂向对流是指由蒸发面和空中的温差所引起，运动的结果是把近蒸发面的水汽不断地送入空中，使近蒸发面的水汽含量变小，饱和差扩大，从而加速了蒸发面的蒸发。

（3）大气中的水平运动和湍流扩散：在近地层中的气流，既有规则的水平运动，亦有不规则的湍流运动（涡流），运动的结果，不仅影响水汽的水平和垂向交换过程，影响蒸发面上的水汽分布，而且也影响温度和饱和差，进而影响蒸发面的蒸发速度。

从热力学观点看，蒸发是蒸发面与大气之间发生的热量交换过程。蒸发过程中如果没有热量供给，蒸发面的温度以及饱和水汽压就要逐步降低，蒸发亦随之减缓甚至停止。由此可知，蒸发速度在很大程度上取决于蒸发面的热量变化。

影响蒸发面热量变化的主要因素如下：

（1）太阳辐射：太阳辐射是水面、土壤、植物体热量的主要来源。太阳辐射强烈，蒸发面的温度就升高，饱和水汽压增大，饱和差也扩大，蒸发速度就大；反之，蒸发速度就降低。由于太阳辐射随纬度而变，并有强烈的季节变化和昼夜变化，因而各种蒸发面的蒸发，亦呈现强烈的时空变化特性。

对于植物散发来说，太阳辐射和温度的高低，还可通过影响植物体的生理过程而间接影响其散发。当温度低于1.5℃，植物几乎停止生长，散发量极少。在1.5℃以上，散发随温度升高而递增；但当温度高于40℃时，叶面的气孔失去调节能力，气孔全部敞开，散发量大增，一旦耗水量过多，植物将枯萎。

（2）平流时的热量交换：主要指大气中冷暖气团运行过程中发生的与下垫面之间的热量交换。这种交换过程具有强度大、持续时间较短、对蒸发的影响亦比较大的特点。

此外，热力学因素的影响，往往还和蒸发体自身的特性有关。以水体为例，水体的含盐度、浑浊度以及水深的不同，就会导致水体的比热、热容量的差异，因而在同样的太阳辐射强度下，其热量变化和蒸发速度也不同。

土壤特性和土壤含水量的影响

土壤特性和土壤含水量主要影响土壤蒸发与植物散发。

土　壤

对土壤蒸发的影响，不同质地的土壤含水量与土壤蒸发比之间的关系显示出每种土壤的关系线都存在一个转折点。与此转折点相应的土壤含水量，称为临界含水量。当实际的土壤含水量大于此临界值时，则蒸发量与蒸发能力之比值接近于1，即土壤蒸发接近于蒸发能力，并与土壤含水量无关，当土壤含水量小于临界值，则蒸发比与含水量呈线性关系。在这种情况下，土壤蒸发不仅与含水量成正比，而且还与土壤的质地有关。因为土壤的质地不同，土壤的孔隙率及连通性也就不同，进而影响土壤中水的运动特性，影响土壤水的蒸发。

对植物散发的影响，植物散发的水来自根系吸收土壤中的水，所以土壤的特性和土壤含水量自然会影响植物散发，不过对影响的程度还有不同的认识。有的学者认为，植物的散发量与留存在土壤内可供植物使用的水大致成正比，另一些人则认为，土壤中有效水在减少到植物凋萎含水量以前，散发与有效水无关。所谓有效水是指土壤的田间持水量与凋萎含水量之间的差值。

知识点

气 流

简单地说，气流就是空气的上下运动，向上运动的空气叫做上升气流，向下运动的空气叫做下降气流。上升气流又分为动力气流和热力气流、山岳波等多种类型，滑翔伞一般利用动力上升气流和热力上升气流两种来完成滞空、盘升和长距离越野飞行。

气流的生成，非常复杂，热力气流的生成受各种天气、温度、湿度，空气温度递减率、地表温差、气压等数据影响。一般来说，空气温度递减率越大、日照越充足、空气越干燥，热力气流的形成就越好。

土壤与生态系统

土壤是岩石圈表面的疏松表层，是陆生植物生活的基质和陆生动物生活的基底。

土壤不仅为植物提供必需的营养和水分，而且也是土壤动物赖以生存的栖息场所。土壤的形成从开始就与生物的活动密不可分，所以土壤中总是含有多种多样的生物，如细菌、真菌、放线菌、藻类、原生动物、轮虫、线虫、蚯蚓、软体动物和各种节肢动物等，少数高等动物（如鼹鼠等）终生都生活在土壤中。

鼹 鼠

据统计，在一小勺土壤里就含有亿万个细菌，25克森林腐植土中所包含的霉菌如果一个一个排列起来，其长度可达11千米。可见，土壤是生物和非生物环境的一个极为复杂的复合体，土壤的概念总是包括生活在土壤里的大量生物，生物的活动促进了土壤的形成，而众多类型的生物又生活在土壤之中。

所以，土壤被称为世界上最重要的能源，生活在地球上所有的陆生生物和一部分海洋生物都直接或间接地被土壤所影响着。

土壤无论对植物来说还是对土壤动物来说都是重要的生态因子。植物的根系与土壤有着极大的接触面，在植物和土壤之间进行着频繁的物质交换，彼此有着强烈影响，因此通过控制土壤因素就可影响植物的生长和产量。

对动物来说，土壤是比大气环境更为稳定的生活环境，其温度和湿度的变化幅度要小得多，因此土壤常常成为动物的极好隐蔽所，在土壤中可以躲避高温、干燥、大风和阳光直射。由于在土壤中运动要比大气中和水中困难得多，所以除了少数动物（如蚯蚓、鼹鼠、竹鼠和穿山甲）能在土壤中掘穴居住外，大多数土壤动物都只能利用枯枝落叶层中的孔隙和土壤颗粒间的空隙作为自己的生存空间。

土壤是所有陆地生态系统的基底或基础，土壤中的生物活动不仅影响着土壤本身，而且也影响着土壤上面的生物群落。

生态系统中的很多重要过程都是在土壤中进行的，其中特别是分解和固氮过程。生物遗体只有通过分解过程才能转化为腐殖质和矿化为可被植物再利用的营养物质，而固氮过程则是土壤氮肥的主要来源。这两个过程都是整个生物圈物质循环所不可缺少的过程。

●输　送

输送主要是指水汽的扩散与水汽输送，是地球上水循环过程的重要环节，是将海水、陆地水与空中水联系在一起的纽带。正是通过扩散运动，使得海水和陆地水源源不断地蒸发升入空中，并随气流输送到全球各地，再凝结并以降水的形式回归到海洋和陆地。所以水汽扩散和输送的方向与强度，

海　水

直接影响到地区水循环系统。对于地表缺水，地面横向水交换过程比较弱的内陆地区来说，水汽扩散和输送对地区水循环过程具有特别重要的意义。

水汽扩散

水汽扩散是指由于物质、粒子群等的随机运动而扩展于给定空间的一种不可逆现象。扩散现象不仅存在于大气之中，亦存在于液体分子运动进程之中。在扩散过程中伴随着质量转移，还存在动量转移和热量转移。这种转移的结果，使得质量、动量与能量不均的气团或水团趋向一致，所以说扩散的结果带来混合。而且扩散作用总是与平衡作用相联系在一起，共同反映出水汽（或水体）的运动特性，以及各运动要素之间的内在联系和数量变化，所以说，扩散理论是水文学的重要基础理论。

分子扩散

分子扩散又称分子混合，是大气中的水汽、各种水体中的水分子运动的普遍形式。蒸发过程中液面上的水分子由于热运动结果，脱离水面进入空中并向四周散逸的现象，就是典型的分子扩散。

由于这种现象难以用肉眼观察到，可以通过在静止的水面上瞬时加入有色溶液，观察有色溶液在水中扩散得到感性的认识。在有色溶液加入之初，有色溶液集中在注入点，浓度分布不均，而后随着时间的延长，有色溶液逐渐向四周展开，一定时间后便可获得有色溶液浓度呈现正态分布的曲线，最终成为一均匀分布的浓度曲线。这种现象就是由水分子热运动而产生的分子扩散现象，扩散过程中，单位时间内通过单位面积上的扩散物质，与该断面上的浓度梯度成正比。

紊动扩散

紊动扩散又称紊动混合，是大气扩散运动的主要形式。特点是：由于受到外力作用的影响，水分子原有的运动规律受到破坏，呈现"杂乱无章的运动"，运动中无论是速度的空间分布还是时间变化过程都没有规律，而且引起大小不等的涡旋，这些涡旋也像分子运动一样，呈现不规则的交错运动，这种涡旋运动又称为湍流运动。通常大气运动大多属于湍流运动，由湍流引起扩散现象称为湍流扩散。

与分子扩散一样，大气紊流扩散过程中，也具有质量转移、动量转移和热量转移，其转移的结果，促使质量、动量、热量趋向均匀，因而亦称紊动混合。但与分子扩散相比较，紊动扩散系数往往是前者的数千百倍，所以紊动扩散作用远较分子扩散作用为大。

空中水汽含量的变化，除了与大气中比湿的大小有关外，还要受到水分子热运动过程、大气中湍流运动以及水平方向上的气流运移的影响。所以说上述两种扩散现象经常是相伴而生，同时存在。

例如，水面蒸发时的水分子运动，就既有分子扩散，又可能受紊动扩散的影响。不过，当讨论紊动扩散时，由于分子扩散作用很小，可以忽略不计，反之，讨论层流运动中的扩散时则只考虑分子扩散。

水汽输送

水汽输送是指大气中水分因扩散而由一地向另一地运移，或由低空输送到高空的过程。水汽在运移过程中，水汽的含量、运动方向、路线以及输送强度等随时会发生改变，从而对沿途的降水有着重大影响。

同时，由于水汽输送过程中，还伴随有动量和热量的转移，因而要影响沿途的气温、气压等其他气象因子发生改变，所以水汽输送是水循环过程的重要环节，也是影响当地天气过程和气候的重要原因。

水汽输送主要有大气环流输送和涡动输送两种形式，并具有强烈的地区性特点和季节变化。时而环流输送为主，时而以涡动输送为主。水汽输送主要集中于对流层的下半部，其中最大输送量出现在近地面层的850～900百帕左右的高度。由此向上或向下，水汽输送量均迅速减小。

影响水汽含量与水汽输送的因素很多，主要因素如下：

（1）大气环流的影响

如前所述水汽输送形式有两种，其中环流输送处于主导地位。这是和大气环流决定着全球流场和风速场有关。而流场和风速场直接影响全球水汽的分布变化，以及水汽输送的路径和强度。因此大气环流的任何改变，必然通过流场和风速场的改变而影响到水汽输送的方向、路径和强度。

（2）地理纬度的影响

地理纬度的影响主要表现为影响辐射平衡值，影响气温、水温的纬向分布，进而影响蒸发以及空中水汽含量的纬向分布，基本规律是水汽含量随纬度的增高而减少。

（3）海陆分布的影响

海洋是水汽的主要源地，因而距海远近直接影响空中水汽含量的多少，

山　脉

这也正是我国东南沿海暖湿多雨，愈向西北内陆腹地伸展，水循环愈弱，降水愈少的原因。

（4）海拔高度与地形屏障作用的影响

这方面的影响包括两方面：其一是随着地表海拔高度的增加，近地层湿空气层逐步变薄，水汽含量相应减少，这是我国青藏高原上雨量较少的重要原因，其次是那些垂直于气流运行方向的山脉。常常成为阻隔暖湿气流运移的屏障。迫使迎风坡成为多雨区，背风坡绝热升温，湿度降低。水汽含量减少，成为雨影区。

知识点

经纬度

地图和地球仪上，我们可以看见一条一条的细线，有横的，也有竖的，很像棋盘上的方格子，这就是经线和纬线。根据这些经纬线，可以准确地定出地面上任何一个地方的位置和方向。

这些经纬线是怎样定出来的呢？地球是在不停地绕地轴旋转（地轴是一根通过地球南北两极和地球中心的假想线），在地球中腰画一个与地轴垂直的大圆圈，使圈上的每一点都和南北两极的距离相等，这个圆圈就叫做"赤道"。在赤道的南北两边，画出许多和赤道平行的圆圈，就是"纬圈"；构成这些圆圈的线段，叫做纬线。定义为地球面上一点到球心的连线与赤道平面的夹角。我们把赤道定为纬度零度，向南向北各为90°，在赤道以南的叫南纬，在赤道以北的叫北纬。

其次，从北极点到南极点，可以画出许多南北方向的与地球赤道垂直的大圆圈，这叫作"经圈"；构成这些圆圈的线段，就叫经线。1884年，国际上规定以通过英国伦敦近郊的格林尼治天文台的经线作为计算经度的起点，即经度零°零′零″，也称"本初子午线"。在它东面的为东经，共180°；在它西面的为西经，共180°。因为地球是圆的，所以东经180°和西经180°的经线是同一条经线。

每一经度和纬度还可以再细分为60′，每一分再分为60″以及秒的小数。利用经纬线，我们就可以确定地球上每一个地方的具体位置，并且把它在地图或地球仪上表示出来。

延伸阅读

大气环流

大气环流是大气大范围运动的状态。某一大范围的地区（如欧亚地区、半球、全球），某一大气层次（如对流层、平流层、中层、整个大气圈）在一个长时期（如月、季、年、多年）的大气运动的平均状态或某一个时段（如一周、梅雨期间）的大气运动的变化过程都可以称为大气环流。

大气环流是完成地球—大气系统角动量、热量和水分的输送和平衡，以及各种能量间的相互转换的重要机制，又同时是这些物理量输送、平衡和转换的重要结果。因此，研究大气环流的特征及其形成、维持、变化和作用，掌握其演变规律，不仅是人类认识自然的不可少的重要组成部分，而且还将有利于改进和提高天气预报的准确率，有利于探索全球气候变化，以及更有效地利用气候资源。

大气环流形成原因主要包括：

一是太阳辐射，这是地球上大气运动能量的来源，由于地球的自转和公转，地球表面接受太阳辐射能量是不均匀的。热带地区多，而极区少，从而形成大气的热力环流。

二是地球自转，在地球表面运动的大气都会受地转偏向力作用而发生偏转。

三是地球表面海陆分布不均匀。

四是大气内部南北之间热量、动量的相互交换。

●下　渗

下渗又称入渗，是指水从地表渗入土壤和地下的运动过程。它不仅影响土壤水和地下水的动态，直接决定壤中流和地下径流的生成，而且影响河川径流的组成。在超渗产流地区，只有当降水强度超过下渗率时才能产生径流。可见，下渗是将地表水与地下水、土壤水联系起来的纽带，是径流形成过程和水循环过程的重要环节。

地表的水沿着岩土的空隙下渗，是在重力、分子力和毛管力的综合作用下进行的，其运动过程就是寻求各种作用力的综合平衡过程。

降水初期，若土壤干燥，下渗水主要受分子力作用，被土粒所吸附形成吸湿水，进而形成薄膜水，当土壤含水量达到岩土最大分子持水量时，开始向下一阶段过渡。

随着土壤含水率的不断增大，分子作用力逐渐被毛管力和重力作用取代，水在岩土孔隙中呈不稳定流动，并逐渐充填土壤孔隙，直到基本达到饱和为止，下渗过程向第三阶段过渡。

在土壤孔隙被水充满达到饱和状态时，水分主要受重力作用呈稳定流动。

上述三个阶段并无截然的分界，特别是在土层较厚的情况下，三个阶段可能同时交错进行，此外，亦有的将渗润与渗漏阶段结合起来，统称渗漏，渗漏的特点是非饱和水流运动，而渗透则属于饱和水流运动。

以上所说的下渗过程，均是反映在充分供水条件下单点均质土壤的下渗规律。在天然条件下，实际的下渗过程远比理想模式要复杂得多，往往呈现不稳定和不连续性。研究表明：生长多种树木和小块牧草地的实验小流，面积仅为0.2平方千米，但该流域的

下　渗

实际下渗量的平面分布极不均匀。形成这种情况的原因是多方面的，归纳起来主要有以下四个方面：

1.土壤特性的影响

土壤特性对下渗的影响，主要决定于土壤的透水性能及土壤的前期含水量。其中透水性能又和土壤的质地、孔隙的多少与大小有关。

一般来说土壤颗粒愈粗，孔隙直径愈大，其透水性能愈好，土壤的下渗能力亦愈大。显示出不同性质土壤之间下渗率的巨大差别。

2.降水特性的影响

降水特性包括降水强度、历时、降水时程分配及降水空间分布等。其中降水强度直接影响土壤下渗强度及下渗水量，在降水强度小于下渗率的条件下，降水全部渗入土壤，下渗过程受降水过程制约。在相同土壤水分条件下，下渗率随雨强增大而增大，尤其是在草被覆盖条件下情况更明显。但对裸露的土壤，由于强雨点可将土粒击碎，并充填至土壤的孔隙中，从而可能减少下渗率。

此外，降水的时程分布对下渗也有一定的影响，如在相同条件下，连续性降水的下渗量要小于间歇性下渗量。

3.流域植被、地形条件的影响

通常有植被的地区，由于植被及地面上枯枝落叶具有滞水作用，增加了下渗时间，从而减少了地表径流，增大了下渗量。而地面起伏，切割程度不同，要影响地面漫流的速度和汇流时间。在相同的条件下，地面坡度大，漫流速度快，历时短，下渗量就小。

4.人类活动的影响

人类活动对下渗的影响，既有增大的一面，也有减少的一面。

例如，各种坡地改梯田、植树造林、蓄水工程均增加水的滞留时间，从而增大下渗量。反之砍伐森林、过度放牧、不合理的耕作，则加剧水土流失，从而减少下渗量。在地下水资源不足的地区采用人工回灌，则是有计划、有目的的增加下渗水量，反之在低洼易涝地区，开挖排水沟渠则是有计划、有目的地控制下渗、控制地下水的活动。

从此意义上说，人们研究水的入渗规律，正是为了有计划、有目的地控制入渗过程，使之朝向人们所期望的方向发展。

知识点

梯 田

梯田是在坡地上分段沿等高线建造的阶梯式农田。是治理坡耕地水土流失的有效措施，蓄水、保土、增产作用十分显著。梯田的通风透光条件较好，有利于作物生长和营养物质的积累。按田面坡度不同而有水平梯田、坡式梯田、复式梯田等。

梯田的宽度根据地面坡度大小、土层厚薄、耕作方式、劳力多少和经济条件而定，和灌排系统、交通道路统一规划。

修筑梯田时宜保留表土，梯田修成后，配合深翻、增施有机肥料、种植适当的先锋作物等农业耕作措施，以加速土壤熟化，提高土壤肥力。

延伸阅读

下渗的测定

在天然条件下，通过野外下渗实验来测定，通常有两种途径：

1.直接测定法。即在流域中选择若干具有代表性场地，进行测验，求出下渗曲线。直接法按供水不同又分为注水型和人工降雨型，前者采用单管下渗仪或同心环下渗仪，后者采用人工降雨设备在小面积上进行。

2.水文分析法。利用实测的降雨、径流资料，根据水量平衡原理，间接推求平均下渗率。

●径 流-----------------------------------

流域的降水，由地面与地下入河网。流出流域出口断面的水流，称为径流。液态降水形成降雨径流，固态降水则形成冰雪融水径流。由降水到达地面时起，到水流流经出口断面的整个物理过程，称为径流形成过程。降水的形式不同，径流的形成过程也各异。

从降雨到水流汇集至出口断面的整个过程，称为径流的形成过程。在不考虑大量人类活动的影响下，径流的形成过程大致可以分为以下几个阶段：

1.降雨阶段

降雨是径流形成的初始阶段，是径流形成的必要条件。

对于一个流域而言，各次降雨在时间上和空间上的分布和变化不完全相同。一次降雨可以笼罩全流域，也可以只降落在流域的部分地区。降雨强度在不同地区是不一致的，雨强最大的地区称为暴雨中心，各次降雨的暴雨中心不可能完全相同。同一次降雨过程中，暴雨中心位置常会沿着某个方向移动，降雨的强度也常随时间而不断变化。

2.蓄渗阶段

降雨开始以后，地表径流产生以前的植物截留、下渗和填洼等过程，称为流域的蓄渗阶段。在这一过程中消耗的降雨不能产生径流，对径流的形成是一个损失。不同流域或同一流域的不同时期的降雨损失量是不完全相同的。

在植被覆盖地区，降雨到达地面时，会被植被截留一部分，这部分的水量称为截留水量。降雨初期，雨滴落在植物的茎叶上，几乎全被截留。在尚未满足最大截留量前，植被下面的地表仅能得到少量降雨。降雨过程继续进行，直至截留量达到最大值后，多余的水量因重力作用和风的影响才向地面跌落，或沿树干流下。当降雨停止后，截留的水分大部分被蒸发。

雨水降落到地面后，在分子力、毛管力和重力的作用下进入土壤孔隙，被土壤吸收，这一过程称为下渗。土壤吸收并能保持一部分水分（吸着水、薄膜水、下悬毛管水等）。土壤保持水分的最大能力，称为土壤最大持水量。

下渗的雨水首先满足土壤最大持水量，多余的才能在重力作用下沿着土壤孔隙向下运动，到达潜水面，并补给地下水，这种现象称为渗透。

降雨满足植物截流和下渗以后，还需要填满地表洼地和水塘，称为填洼。只有在完成填洼以后，水流才开始外溢，产生地表径流。

降雨停止后，洼地蓄水大部分消耗于蒸发和下渗。

3.产流漫流阶段

产流是指降雨满足了流域蓄渗以后，开始产生地表（或地下）径流。根据地区的气候条件，可将产流分为两种基本形式：蓄满产流和超渗产流。

蓄满产流大多发生在湿润地区。由于降水量充沛，地下水丰富，潜水面高，包气带薄，植被发育好，土壤表层疏松，下渗能力强，所以降雨很容易使包气带达到饱和状态。此时，下渗趋于稳定，下渗的水量补给地下水，产生地下径流。当降雨强度超过下渗强度时，则产生地表径流。因为蓄满产流是在降雨使整个包气带达到饱和以后才开始产流，所以又称饱和产流。

超渗产流大多发生在干旱地区地下水位较低、包气带较厚、下渗强度较小的流域，当降雨强度大于下渗强度时，就开始产流。在产流过程中，降雨仍在继续下渗（下渗量决定于雨前的土壤含水量）。一次降雨过程中，很可能包气带达不到饱和状态，所以又称非饱和产流。

蓄满产流主要决定于降雨量的大小，与降雨强度无关：超渗产流则决定于降雨强度，而与降雨大小无关。我国淮河流域以南及东北大部分地区以蓄满产流为主；黄河流域、西北地区的河流以超渗产流为主，其他地区具有过渡的性质。

流域产流以后，水流沿地面斜坡流动，称为漫流，又称坡地漫流。

4.集流阶段

坡地漫流的水进入河槽以后，沿河槽从高处向低处流动的过程称集流阶段。此为降雨径流形成过程的最终阶段。各大小支流的水量向干流汇入，使干流水位迅速上升，流量增加。当河槽水位上升速度大于两岸地下水位上升速度时，河水补给地下水；当河流水位下降后，反过来由地下水补给河水，这称为河岸的调节作用。

与此同时，河槽蓄水逐渐向出口断面流去。即河槽本身也对径流起调节的作用，称为河槽的调节作用。一般河网密度大的地区，河流较长，河槽纵比降小。河水下泄速度慢，河槽的调节作用大；反之河槽调节作用就小。

在影响河川径流形成与变化的因素中，气候因素是最主要的因素。在流域范围内不论以何种形式进入河槽的水均来源于大气降水，且与降水量、降水强度、形式、过程及空间分布有关。

降水强度和形式与径流形成的关系十分密切。在以降雨补给为主的河流，每次降雨可产生一个小洪峰。一年中降雨集中的时期，河流径流量最大，进入洪水期。强暴雨时，雨水在土壤中的下渗量小，汇水时间短，常可造成特大洪峰。此时由于强暴雨对地面的侵蚀、冲刷十分强烈，进入河水的泥沙量也明显增加。以冰雪融水补给为主的河流，往往在春季融冰雪或夏季

强暴雨

冰川融化时出现洪峰，具有明显的日变化与季节变化。

降水过程与径流形成过程有关。当降水过程为先小后大时，先降落的小雨使全流域蓄渗，河网内蓄满了水；之后再降的大雨则因为下渗量减小，几乎能全部变成径流，加之这时的河槽调蓄作用也大大减弱，易形成大洪水。

蒸发量的大小直接与径流有关。在降水转变为径流的过程中，水量损失的主要原因就是蒸发。我国湿润地区降水量的30%～50%、干旱地区降水量的80%～95%均消耗于蒸发。扣除蒸发量后，其余部分的降水才能作为下渗、径流量。流域的蒸发包括水面蒸发和陆面蒸发，陆面蒸发中又包括土壤蒸发与植物蒸腾。此外，气温、风、湿度等气候因素也间接地对径流的形成与变化有影响。

在流域的地貌特征中，流域坡度对河川径流的形成有直接影响。流域坡度大，则汇流迅速、下渗量小、径流集中；反之则径流量减少。流域的坡向、高程是通过降水和蒸发来间接影响河川的径流的。如高山使气流抬升，在迎风面常可产生地形雨，使降水量增加，径流量较大；而背风面雨量较少，径流量也减小。地势愈高，气温愈低，蒸发量愈小，径流量则相应增加。

喀斯特地貌发育地区往往有地下蓄水库存在，对径流的形成起调蓄作用。由于地表河流与地下河流相互交替，地下分水线与地面分水线常常很不一致，有时径流总量可大于流域的平均降水总量。

地质构造和土壤特性决定着流域的水分下渗、蒸发和地下最大蓄

河川

水量，对径流量的大小及变化有复杂的影响。一些地质构造有利于地下蓄水（如蓄水盆地），断层、节理、裂隙发育的地区也具有贮存地下水的良好条件，并且可以出现流域不闭合的现象。土壤类型和性质直接影响下渗和蒸发。例如：砂土下渗量大，蒸发量小，而黏土则下渗量小，蒸发量大，因此在同样条件下，砂土地区形成的地表径流往往较小，而地下径流却较大。

地表的植被能截留一部分水量，起到阻滞和延缓地表径流、增加下渗量的作用。在植被的覆盖下，土壤增温的速度减小，使蒸发减弱。在森林地区，高大的林冠可阻滞气流，使气流上升，增加降水量。植被根系对土壤的保持作用可防止水土流失，减少地面侵蚀。

总之，森林植被可以起到蓄水、保水、保土的作用，削减洪峰流量，增加枯水流量，调节径流的分配。

湖泊和沼泽是天然的蓄水库，大湖泊对河川径流的调节作用更为显著。干旱地区湖面的蒸发量极大，对河川径流量的影响十分明显。沼泽使河水在枯水期能保持均匀的补给，起到调节径流的作用。

人类活动也在一定程度上影响着河川径流的形成和变化。人工降雨和融冰增加了径流量，修筑水库可以调蓄水量，跨流域的调水工程改变了径流的地区分布不均匀性。其他如农田灌溉、封山育林等也会改变径流的分布。

洪水是因暴雨或其他原因，使河流水位在短时间内迅速上涨而形成的特大径流。当河流发生洪水时，河槽常常不能容纳所有的来水，洪水泛滥成灾，威胁沿岸的城镇、村庄、农田等。连续的暴雨是造成洪水的主要原因，大量冰雪融化也可造成洪水。流域内的降水分布、强度、暴雨中心的移动以及水系的性质都对洪水有一定的影响。

洪水按补给条件可分为暴雨洪水和冰雪融水洪水两类。暴雨洪水来势凶猛，常造成特大径流量，流量过程线峰段尖突。如发生在夏季，称为夏汛，发生在秋季则称为秋汛。我国大多数河流常受到暴雨洪水的威胁。因此，在水文研究上应引起特别重视。

我国北方河流常在春季天气回暖季节发生由冰雪融水造成的洪水，称为春汛或秋汛。冬季因局部河段封冻，使上游水位抬高，可引起局部性的洪水。冰雪融水洪水的特点是径流量较小，汛期持续时间长，流量过程线变化不如暴雨洪水明显。

按水的来源又可将洪水分为上游演进洪水和当地洪水两类。上游演进洪水是指河流上游径流量增大，使洪水自上而下推进，洪峰从上游到下游出现的时间有一段时间间隔。当地洪水是由所处河段的地面径流形成的，如全流域全部为暴雨所笼罩，则可造成特大的洪峰，危害性极大。

对于同一条河流而言，一般上游洪峰比较尖突，水位暴涨暴落，变幅大；下游洪峰则渐趋平缓，水位变幅也变小。洪水的传播速度与河道的形状有关，如河道平直整齐，洪水的传播就快；如河道弯曲不规则，则洪水的传播较慢；若流经湖泊，则洪水的传播速度更慢。

洪水期间，同一断面上总是首先出现最大比降，接着出现最大流速，然后出现最大流量，最后出现最高水位。

与洪水径流相对的是枯水径流。枯水是指断面上流量较小，通常发生在地表径流的后期，河水主要靠流域的蓄水量及地下水补给。枯水季节大部分发生在冬季，径流量明显变小。它与水力发电、航空、农田灌溉、工业用水和生活用水等有密切的关系。

枯水期径流量的大小与枯水前期降水量的大小有密切关系。前期降水量大，地下蓄水量多，地下径流量大，河流在枯水期尚能保持一定的水量。反之，如前期降水量小，土壤中地下水量少，则常造成河流流量小，甚至出现断流。

流域地质条件影响着河流在枯水期的流量。如砂砾层常能储存较多的地下水，在枯水期可以补给河流。湖泊、沼泽、森林及水库等常可调节水量，从而增加河流枯水期的流量。径流是水循环的基本环节，又是水量平衡的基本要素，它是自然地理环境中最活跃的因素。

从狭义的水资源角度来说，在当前的技术经济条件下，径流则是可以长期开发利用的水资源。河川径流的运动变化，又直接影响着防洪、灌溉、航运和发电等工程设施。因而径流在水资源利用方面有着举足轻重的地位和作用。

📏 知识点

洪　峰

洪峰就是洪水的最大流量。如果单位面积的降水量大于水流量，雨水就会一点儿一点儿地积累。一旦流域广，路程长之后，就会形成洪峰。

在某种意义上讲，洪峰就是一道大波浪。

📚 延伸阅读

降水强度的划分

降水强度是指单位时间内的降水量。常用的单位是毫米/天、毫米/小时。

洪　峰

在气象上用降水量来区分降水的强度，可分为：小雨、中雨、大雨、暴雨、大暴雨、特大暴雨，小雪、中雪、大雪和暴雪等。

1. 小雨。一般指降水强度较小的雨。我国气象上规定：

（1）1小时内的雨量小于或等于2.5毫米的雨；

（2）24小时内的雨量小于或等于10毫米的雨。

2. 中雨。一般指降水强度中等的雨。我国气象上规定：

（1）1小时内的雨量为2.6～8.0毫米的雨；

（2）24小时的雨量为10.1～24.9毫米的雨。

3. 大雨。一般指降水强度较大的雨。我国气象上规定：

（1）1小时内的雨量为8.1～15.9毫米的雨；

（2）24小时内雨量为25.0～49.9毫米的雨。

4. 暴雨。一般指降水强度很大的雨。我国气象规定：

（1）1小时内的雨量为16毫米或以上的雨；

（2）24小时内的雨量为50～100毫米的雨。

5. 大暴雨。24小时内的雨量为100.1～200毫米的雨。

6. 特大暴雨。24小时内的雨量大于200毫米的雨。

7. 小雪。一般指降雪强度较小的雪。我国气象上规定：

（1）下雪时，水平能见度距离在1 000米或以上；

（2）24小时内的雪量小于或等于2.5毫米的雪。

8. 中雪。一般指降雪强度中等的雪。我国气象上规定：

（1）下雪时，水平能见度距离在500～1 000米之间；

（2）24小时内雪量为2.6～5.0毫米的雪。

9. 大雪。一般指降雪强度较大的雪。我国气象上规定：

（1）下雪时，水平能见度距离小于500米；

（2）24小时内雪量大于5毫米的雪。

●水量平衡 -

谈论地球上的水量平衡，是有前提条件的。这个前提条件就是一个假设和一个客观事实。一个假设，是把地球作为一个封闭的大系统来看待，也就是假设地球上的总水量无增无减，是恒定的；一个客观事实，是基于地球上天然水的统一性，地球上水的大小循环使地球上所有的水都纳入到一个连续的、永无休止的循环之中。

问题是地球上的水量是衡定的吗？事实上，地球上的水有增加的因素，也有减少的因素。

在晴朗的万里夜空，我们常常可以看到一道白光划破天际，这是来自茫茫宇宙空间的星际物质，以极大的速度穿越地球周围厚厚的大气层时，由于巨大的摩擦力产生高温，使这些星际物质达到炽热程度，我们称之为流星。

当然，这种流星发生在白昼，通常是看不见的。这些流星在高速穿越地球大气层时，未被燃烧殆尽而能够到达地球表面是极少的，以铁质为主叫陨铁，以石质为主叫陨石，以冰为主叫陨冰（这是极难见到的）。这些星际物质，都含有一定量的水，一年大约使地球增加0.5立方千米的水。

太阳这颗恒星同其他恒星一样，主要是由炽热的氢和氦构成。太阳表面被一层厚数千千米呈玫瑰色的太阳大气所包围，称为色球层。色球层的外部温度极高（几万℃），能量也大，尤其是当有周期性的太阳色球爆发（又叫耀斑）时，所发出的能量极大，能射出很强的无线电波，大量的紫外线、X射线、γ射线，还可以把氢原子分解为高能带电的基本粒子——质子，抛向宇宙空间，有些能够到达地球，并且在地球大气圈的上层俘获负电荷而变成氢原子，这些氢原子可能与氧结合生成水分子。

在太阳色球层的外面还包围着一层很稀疏的完全电离的气体层，叫日冕。它从色球层边缘向外延伸到几个太阳半径处，甚至更远。日冕虽然亮度不及太阳光球的一百万分之一，只有在日全食时或用特制的日冕仪才能看到，但它内部的温度却高达100万℃。

由于日冕离太阳表面较远，受到太阳的引力也就较小，它的高温能使高能带电粒子以每秒350千米、远远超过脱离太阳系的宇宙速度向外运动。这些粒子中，

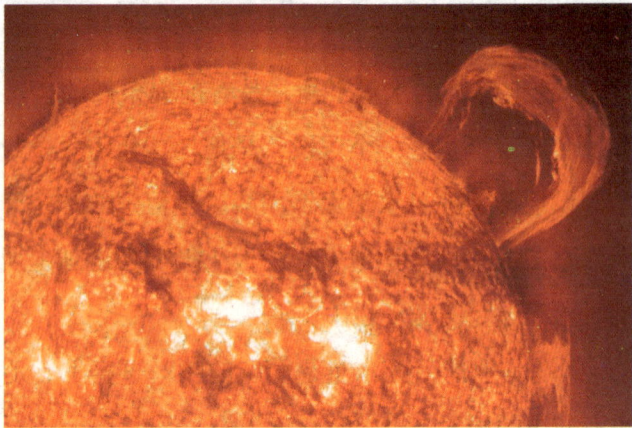

日 冕

有相当多是由氢电离产生的离子，它们也会有些进入地球大气圈并俘获负电子而成为氢原子，这些氢原子也可能与氧结合成水分子。地球通过这种途径所增加的水量是很难确定的。

上面是地球来自它本身以外获得水量的几种途径。

地球还可以从它自身增加水量，这主要是来自地球上岩石和矿物组分中化合水的释放。地质学家们认为，火山喷发时每年从地球深部带出约1立方千米的呈蒸气和热液状态的原生水。

以上是地球上水量增加的方面，与此相反，地球还有失去水量的方面。

在地球大气圈上层，由于太阳光紫外线的作用，水蒸气分子在太阳光离解作用下，分解为氢原子和氧原子，因为此处远离地球表面，空气极为稀薄，地球引力又相对减小，各种微粒运动速度极大，当氢原子的运动速度超过宇宙速度，便飞离地球大气圈进入宇宙空间，这就使地球失去水。

在人类几百万年的历史长河中，现在完全可以认为地球上水量的得失大体相等，也就是说地球上的总水量不变。再换句话说，地球上的水量是衡定的。

当然，在地质历史，地球上的总水量不能认为是固定不变的，完全可能因为地球内部活动性、火山活动、地表温度变化等而变化。如果地球上消失

到宇宙空间的水大于地球从宇宙中和其自身地幔中获得的水，地球上的水量就会减少，最终水圈就可能从地球表面消失。

既然可以认为，在人类历史的长河里，地球上的总水量不变，那么下面，就概略地谈谈地球上的水量平衡。

由于水循环，使自然界中的水都时时刻刻在循环运动着。从长远来看，全球的总水量没有变化，但对某一地区而言，有时候降水量多，有时候降水量少。某个地区在某一段时期内，水量收入和支出的差额，等于该地区的储水变化量。这就是水量平衡原理。

根据估算，全球海洋每年约有50.5万立方千米的水蒸发到空中，而每年降落到海洋的水（降水量）约为45.8万立方千米，每年海洋总降水量比总蒸发量少了约4.7万立方千米（50.5万～45.8万立方千米）；而全球陆地每年蒸发量约为7.2万立方千米，每年降水量约为11.9万立方千米（11.9万～7.2万立方千米），每年全球陆地总降水量比总蒸发量多了约4.7万立方千米。这4.7万立方千米的水量就是通过地表径流和地下径流注入海洋，平衡了海洋总降水量比总蒸发量少的4.7万立方千米的水量。

可以看出，从全球范围（整个海洋和陆地）长期宏观来看，水量平衡是很简单的，就是多年平均降水量等于多年平均蒸发量。

单从全球陆地或海洋长期来看，其水量平衡也一目了然：陆地降水量大于蒸发量，其多出部分正是以径流方式从地表面和地下注入海洋，平衡了海洋降水量小于蒸发量的差额部分。但是从地球局部某个地区（指陆地）来看，水量平衡就要复杂得多。时间越短，其水量平衡就越复杂，因为对长期来说可以忽略的因素，在短时期内可能很突出，成了不容忽视的因素。

地球上的降水，在时空上的分布是很不均衡的。就"空间"而言，地球上有的地方降水很少，甚至多年无降水（如我国的塔克拉玛干大沙漠和非洲的撒哈拉大沙漠腹地）。这些地方由于过于干旱缺水，不要说人类无法生存，就是动植物也基本灭迹。从水量平衡来看，基本上没有或很少有"收入"——降水，蒸发量总是远远大于降水量，径流量也就谈不上了；而有的地方降水过多，常成灾害，给人们的生命财产带来很大威胁。就"时间"来说，

同一个地区有时降水多，有时降水少。所以，地球上许多地方（当然是指陆地）都有雨季和旱季之分，真正能达到风调雨顺的地方是很少的。

水量平衡同其他平衡一样，是动态平衡，是由于水循环通过大气中的水汽输送和陆地上的径流输送而实现的。就目前而言，人类活动对全球大气的水汽输送几乎没有什么影响，而对地表径流输送，在局部地区却可以产生某些影响。例如，一个地区修建水库，引水灌溉，跨流域调水等，就是利用水循环和水量平衡的规律和原理，发挥人的能动性，改变水在时空上分布的不均衡，以求达到兴利除弊，造福人类。

知识点

离 解

离解是分子分离或热分解成两个或两个以上部分（原子、分子、离子、基团）的过程。例如某些离子型化合物受热熔融时，原先的晶格被破坏，形成自由移动的阴、阳离子，如氯化钠、硝酸钾；离子型化合物溶于水中时，阴、阳离子各自水合，减弱了原先阴、阳离子间的引力，形成水合阴和阳离子，如硫酸铜水溶液；某些共价型化合物在水中离解为水合阴和阳离子，如氯化氢溶于水形成氢离子和氯离子等，都是离解作用。

离解作用有两种情况：

1.电解质的电离作用。第一种是电解质溶于水，在水溶液中电离为阴离子和阳离子。第二种是某些离子化合物受热熔融后，原先的晶格被破坏，形成能自由移动的阴、阳离子，使熔融体能够导电。

2.某些特定的分解作用。例如双原子气体分子在加热后离解其组成原子。

延伸阅读

太阳的构造

组成太阳的物质大多是些普通的气体，其中氢约占71.3%、氦约占27%，其他元素占2%。太阳从中心向外可分为核反应区、辐射区和对流区、太阳大气。

太阳的大气层，像地球的大气层一样，可按不同的高度和不同的性质分成各个圈层，即从内向外分为光球、色球和日冕三层。我们平常看到的太阳表面，是太阳大气的最底层，温度约是6 000℃。它是不透明的，因此我们不能直接看见太阳内部的结构。

太阳的核心区域半径是太阳半径的1/4，约为整个太阳质量的一半以上。太阳核心的温度极高，达到1 500万℃，压力也极大，使得由氢聚变为氦的热核反应得以发生，从而释放出极大的能量。这些能量再通过辐射层和对流层中物质的传递，才得以传送到达太阳光球的底部，并通过光球向外辐射出去。

太阳在自身强大重力吸引下，太阳中心区处于高密度、高温和高压状态，是太阳巨大能量的发源地。太阳中心区产生的能量的传递主要靠辐射形式。

太阳中心区之外就是辐射层，辐射层的范围是从热核中心区顶部的0.25个太阳半径向外到0.71个太阳半径，这里的温度、密度和压力都是从内向外递减。从体积来说，辐射层占整个太阳体积的绝大部分。

太阳内部能量向外传播除辐射，还有对流过程。即从太阳0.71个太阳半径向外到达太阳大气层的底部，这一区间叫对流层。这一层气体性质变化很大，很不稳定，形成明显的上下对流运动。这是太阳内部结构的最外层。

太阳每时每刻都在向地球传送着光和热，有了太阳光，地球上的植物才能进行光合作用。植物的叶子大多数是绿色的，因为它们含有叶绿素。叶绿素只有利用光的能量，才能合成种种有机物，这个过程就叫光合作用。据计算，整个世界的绿色植物每天可以产生约4亿吨的蛋白质、碳水化合物和脂肪，与此同时，还能向空气中释放出近5亿吨的氧，为人和动物提供了充足的食物和氧气。

●各洲大陆的水量平衡和水循环 ------------------

由于全球各洲大陆所处的地理位置、海陆关系、大气环流条件等各不相同，其水量平衡和水循环的特点也不一样。

南美洲

南美洲大陆的面积占全球陆地面积的13%，但其降水量却占全球陆地降水总量的27%，降水深为1 597毫米，是全球大陆平均降水深的2.1倍；入海径流量占全球大陆入海径流总量的32%，径流深是全球大陆平均值的2.5倍；蒸发量占全球大陆蒸发总量的24%，蒸发深为全球大陆平均值的1.9倍；径流系数为0.41，是全球各洲大陆之最大，而干旱系数为0.53，则是全球各洲大陆之最小，表明南美洲大陆是全球最为湿润的大陆。

欧洲和北美洲

欧洲大陆和北美洲大陆的面积，分别占全球陆地总面积的7%和14.4%，其降水量、入海径流量和蒸发量，也分别占全球大陆降水、入海径流和蒸发总量的7%和15%左右，对全球水量平衡的贡献，大体上与其所占全球陆地面积的比例相应。但是若以水量平衡要素的平均值分析，则北美洲大陆的径流系数为0.39，干旱系数为0.59，其降水量、入海径流量和蒸发量都超过了全球大陆的平均值，是全球仅次于南美洲大陆的湿润大陆。

亚洲

亚洲大陆面积占全球大陆总面积的29%，但其降水量、入海径流量和蒸发量分别只占全球总量的25%、27%和24%。也就是说，亚洲大陆面积约占全球陆地总面积的1/3，而其各水量平衡的要素值只占全球总量的1/4左右，说明它对全球水量平衡的贡献，与所占面积是不相称的，偏小很多。亚洲大陆径流系数为0.39，干旱系数为1.62，表明它已不是湿润大陆，而是一个半湿润半干旱的大陆。当然，亚洲大陆地域十分辽阔，区内的地形、气候和水文条件差异很大，情况非常复杂，因此不同地域的水量平衡也有极其显著的差异。

非洲

非洲大陆的面积占全球陆地总面积的21%，降水量占全球大陆降水总量的20%，降水深度与全球陆面降水平均值相当。但是非洲大陆由于在大西洋副热带高压的控制之下，境内多沙漠，径流量不到全球大陆径流总量的10%，径流深不到全球大陆平均值的1/2，蒸发量却比全球大陆的平均值高出15%～20%。非洲大陆水量平衡总的特点是，降水不少而径流量少和蒸发量大。非洲大陆的径流系数只有0.17，干旱系数为2.48，尽管大陆内部各区域之间干湿程度差别很大，但就总体而言，它仍属相当干旱的大陆。

大洋洲

大洋洲大陆的面积占全球陆地总面积的6%，降水量和入海径流量分别只

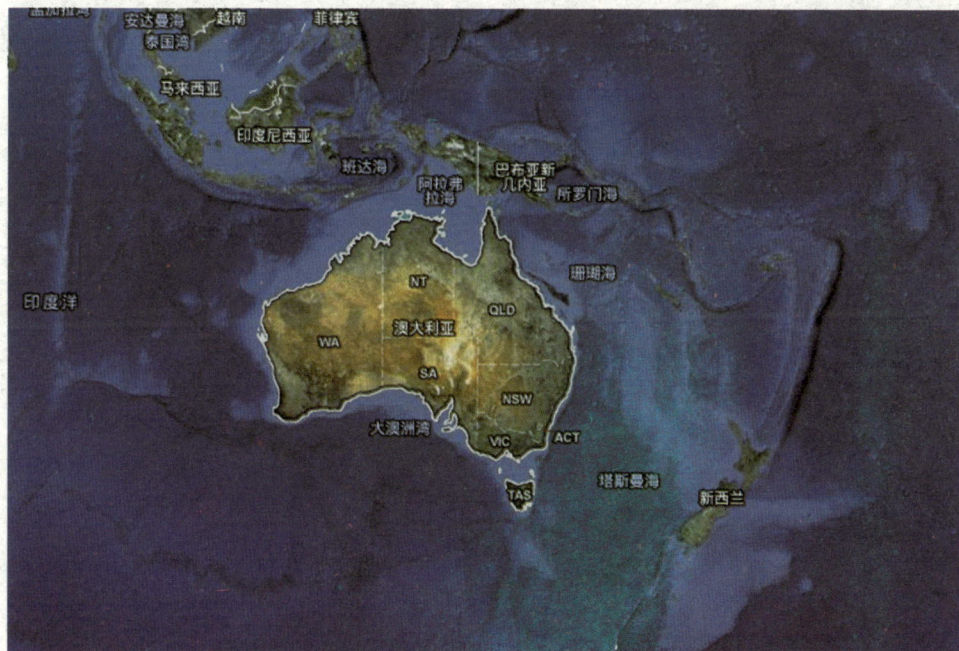

大洋洲卫星地图

占全球大陆总量的3%和1%，是对全球水量平衡贡献最小的大陆。大洋洲大陆的面积相当于欧洲大陆，但其降水量和入海径流量，只有欧洲大陆的59%和15%，而蒸发量则是欧洲大陆的78%，两大洲之间的水文气候条件的差异是非常显著的。大洋洲大陆的径流系数不到0.1，为全球各大陆之最小，而干旱系数却高达4.10，又是全球各大陆之最大，表明其是全球最为干旱的大陆。

南极洲

南极洲大陆的面积占全球陆地总面积的10%，其降水量和入海径流量分别只占全球大陆总量的2%和6%。南极大陆由于气候严寒，蒸发量极少，甚至可以略而不计，其在全球水量平衡中的比重、作用和贡献都很小，当然这并不意味着可以忽略南极冰盖对全球气候的巨大影响。

在全球各大陆中，除南极洲大陆外，都分布有性质完全不同的内、外流区，它们的水量平衡特点和对全球水量平衡的贡献，差别非常巨大。内流区

南极洲

无入海径流，每年的降水量就是当年的蒸发量，它仅通过降水和蒸发与全球的水循环相联系，是一个独特的水量平衡系统。

全球大陆外流区的年降水量比年蒸发量多4.7万立方千米，多出的部分全部通过地表或地下径流汇入海洋。全球大陆外流区的年降水量是内流区的3倍，年蒸发量是内流区的1.8倍，表明其在全球水循环中起着主导作用。

大西洋外流区的面积占全球外流区总面积的43%，但其降水量、入海径流量和蒸发量，则分别占全球外流区相应水量平衡要素的52%、44%和56%，是对全球水量平衡贡献最大的外流区。太平洋外流区的贡献次之。印度洋和北冰洋外流区，它们的水量平衡要素值在全球所占比例小于其面积所占比例，贡献最小。但是各大洋外流区的干旱系数和径流系数却变化不大，较为接近，表明其在水文气候方面都表现出湿润气候的特点。

大气环流条件和大陆地形特征对水循环的重大影响。按大陆面积的平均水深值计，南美洲和大洋洲大陆是全球各大陆水汽年总输入量最大的大陆，分别达到1 163毫米和1 681毫米，但南美洲大陆的年净输入量为747毫米，而大洋洲大陆只有63毫米，竟相差十多倍。究其原因，大洋洲大陆地处南半球的"咆哮西风带"，且地势较平坦，面积不大，使输入大陆上空的水汽难以停留和参与大陆内部的水循环，大部分水汽只能"穿堂而过"。而南美洲大陆的大部分地区地处赤道东风带，其西部有纵贯南北的科迪勒拉山系，形成一道阻挡水汽输出的天然屏障，使输入的水量有较多机会参与大陆内部的水循环，从而净输入量较大。

从水文内循环和外循环系数也可以看出，南美洲是两个系数最大的大陆，大洋洲则是最小的大陆。亚洲大陆居南、北美洲大陆之后，列第三位。从大陆上空水汽的更新速率也可说明这一点，南、北美洲大陆上空大气的水汽，全部更新一次的时间是7天，而非洲和大洋洲大陆上空水汽更新一次则需14～19天，亚洲大陆约需12天。

由水循环的各种参数可以看出，南美洲大陆的所有参数都是世界各洲大陆的最高值，所以它是全球水循环最活跃的大陆；而大洋洲则相反，都是最低值，因而它是全球水循环最不活跃的大陆。亚洲大陆介于上述两者之间，虽然其他参数不如非洲大陆，但水循环参数高于非洲大陆，因而水循环较非洲大陆活跃。

知识点

气 候

气候是长时间内气象要素和天气现象的平均或统计状态，时间尺度为月、季、年、数年到数百年以上。气候以冷、暖、干、湿这些特征来衡量，通常由某一时期的平均值和离差值表征。气候的形成主要是由于热量的变化而引起的。

延伸阅读

跨越两大洲的国家

俄罗斯——欧洲东部国家。是世界上面积最大的国家，由于乌拉尔山与乌拉尔河以东属于亚洲，因此俄罗斯地跨亚欧两洲，而且它大部分领土在亚洲。中世纪后期俄罗斯建立了莫斯科大公国并逐渐发展成为一个帝国，并从15世纪起开始向亚洲扩张。

巴拿马——中美洲国家。连接大西洋及太平洋的巴拿马运河位于国家的中央，拥有重要的战略地位。由巴拿马运河一分为二，南部属于南美洲，北部属于北美洲，通常看做北美洲国家。

埃及——非洲东北部国家，通常把苏伊士运河当作非洲和亚洲的分界线，而埃及在运河东岸拥有的西奈半岛（面积6万余平方千米，占全国面积的6%强）属于亚洲，现分设北西奈省和南西奈省。

印度尼西亚，东南亚面积最大、人口最多的国家。它最东部的一个省——巴布亚省，建在新几内亚岛（伊里安岛或巴布亚岛）上，面积42.1万平方千米（约为全国面积的22.2%）。该岛属于大洋洲，印度尼西亚因此成为跨洲国家。这种局面是荷兰殖民统治时期留下的。当初荷兰和欧洲其他殖民主义国家争抢殖民地，攫得新几内亚岛的西半部，称之为"荷属新几内亚"。印度尼西亚独立后，荷兰又占据若干年，最终于1963年归还印度尼西亚。

哈萨克斯坦共和国——中亚面积最大的国家，世界最大的内陆国。它在乌拉尔河下游西岸的领土，属于欧洲范围，所以是跨洲国家。这部分领土面积约14万平方千米（约为全国面积的5%），北半部属于西哈萨克斯坦州，南半部属于阿蒂拉乌州。

土耳其——西亚国家。它绝大部分国土在亚洲，但在欧洲巴尔干半岛仍占有一角之地，面积24 476平方千米，约为全国面积的3.14%。这其实是原奥斯曼帝国欧洲部分的残余。现分设4个省：埃迪尔内省、舍尔纳克省、克科拉雷利省和伊斯坦布尔省。

阿塞拜疆——西亚南高加索地区东部国家。它的东北部属于欧洲范围（面积1万余平方千米，约为全国面积的11%）。1936年12月5日成为直属苏联的加盟共

阿塞拜疆

和国。1991年2月6日改国名为阿塞拜疆共和国。同年8月30日，阿塞拜疆最高苏维埃通过独立宣言，正式宣布独立，成立阿塞拜疆共和国。

格鲁吉亚——西亚南高加索地区西部国家。它的东北部一个狭长地带，在大高加索山脉主脉的北侧，属于欧洲范围。1963年12月5日，格鲁吉亚苏维埃社会主义共和国成为前苏联加盟共和国之一。1990年11月4日发表独立宣言，改国名为格鲁吉亚共和国。1991年4月9日正式宣布独立。1993年10月22日正式加入独联体。1995年8月，通过新宪法，定国名为"格鲁吉亚共和国"。

主要水体概述

自然界的水有气态、液态和固态三种形态。一是在大气圈中以水汽的形态存在；二是以地球表面（或称地壳）的海洋、湖泊、沼泽、河槽中以液态水的形态存在，其中，以海洋贮存的水量最多，而冰川水（包括永久冻土的底冰）以固态的形态存在；三是在地球表面以下的地壳中也存在着液态的水，即地下水。地球上的水，正是指地球表面、岩石圈、大气圈和生物体内各种形态的水。

通常所说的水圈就是包括海洋水、湖泊水、沼泽水、河水、冰川水、地下水、土壤水、大气水和生物水，并由这些水在地球上形成的一个完整的水系统。

●海洋水

尽管我们通常狭义所说的水资源不包括海水，因为海水是咸的，一般不能被人们生活和工农业生产直接使用，要将海水除盐淡化，就目前而言成本昂贵，尚不能大量进行。但是海洋——这大自然给予人类的恩赐，对于人类的意义，就如同阳光对于人类一样重要。所以，广义的水资源是包括海洋的。

广阔的海洋，从蔚蓝到碧绿，美丽而又壮观。海洋，海洋，人们总是这样说，但好多人却不知道，海和洋不完全是一回事，它们彼此之间是不相同的。那么，它们有什么不同，又有什么关系呢？

洋，是海洋的中心部分，是海洋的主体。世界大洋的总面积，约占海洋面积的89%。大洋的水深，一般在3 000米以上，最深处可达1万多米。大洋离陆地遥远，不受陆地的影响。它的水文和盐度的变化不大。每个大洋都有自己独特的洋流和潮汐系统。

大洋的水色蔚蓝，透明度很大，水中的杂质很少。世界共有四个，即太平洋、印度洋、大西洋、北冰洋。

海，在洋的边缘，是大洋的附属部分。海的面积约占海洋的11%，海的水深比较浅，平均深度从几米到两三千米。海临近大陆，受大陆、河流、气候和季节的影响，海水的温度、盐度、颜色和透明度，都受陆地影响，有明显的变化。夏季，海水变暖，冬季水温降低；有的海域，海水还要结冰。在大河入海的地方，或多雨的季节，海水会变淡。

由于受陆地影响，河流夹带着泥沙入海，近岸海水混浊不清，海水的透明度差。海没有自己独立的潮汐与海流。

海可以分为边缘海、内陆海和地中海。边缘海既是海洋的边缘，又是临近大陆前沿；这类海与大洋联系广泛，一般由一群海岛把它与大洋分开。我国的东海、南海就是太平洋的边缘海。内陆海，即位于大陆内部的海，如欧

海

洲的波罗的海等。地中海是几个大陆之间的海，水深一般比内陆海深些。世界主要的海接近50个，太平洋最多，大西洋次之，印度洋和北冰洋差不多。

世界地图和地球仪上，大部分是蓝色相连的海洋。在地球表面5.1亿平方千米的总面积中，海洋的面积就占去3.6亿平方千米，约为地球总表面积的71%。地球上的总水量约为13.9亿立方千米，海洋水就占13.4亿立方千米，约为地球总水量的96.5%。

地球上陆地的平均海拔（从平均海平面算起的高度）约为875米，而海洋的平均深度却有3 700米之多。20世纪50年代初，前苏联考察船在太平洋西部靠近菲律宾的马里亚纳海沟，测得海洋的最大深度值为11 034米。设想把地球之巅——青藏高原上最雄伟、最高大的喜马拉雅山脉的最高峰——珠穆朗玛峰（海拔8 848米），搬进此海沟，它的山顶离海面还差2 000多米。

地球上共划分为四个大洋，它们是太平洋、大西洋、印度洋和北冰洋。太平洋面积为1.80亿平方千米，约为四大洋面积总和的一半，是最大的洋，它也是水体平均最深、水温平均最高的大洋；大西洋面积约0.93亿平方千米，是第二大洋；印度洋是第三大洋，面积约0.75亿平方千米；北冰洋是四大洋中面积最小的一个，只有0.13亿平方千米，它也是水体最浅、水温最低的洋。

海分布在各个大洋的边缘区域，附属于各大洋。有些海经狭窄的海峡与大洋相通，有些海以岛链与大洋相隔。海的面积合计约占海洋总面积的11%。

附属于太平洋的海有马来群岛诸海、南海、东海、黄海、日本海、鄂霍次克海、阿拉斯加海、白令海等；附属于大西洋的海则有加勒比海、墨西哥湾、波罗的海、地中海、黑海等；附属于印度洋的海有：红海、波斯湾、阿拉伯海、孟加拉湾、安达曼海、萨武海、帝汶海和澳大利亚湾等；附属于北冰洋的海有：巴伦支海、挪威海、格陵兰海等。

海由于其所处的地理位置和自然条件不同，大小不一，各种各样，差别很大。大者面积超过400万平方千米，小者只有1.1万平方千米，相差近400

倍；有的深，有的浅；有的极咸，有的很淡；有的没有明确的海岸边界，有的缺少海洋生物显得死气沉沉。全球海域面积在200万平方千米以上的大海，共有8个，其中超过300万平方千米的有3个，超过400万平方千米的只有1个。南海面积为350万平方千米，位列世界第三。

从整个地球表面来看，海洋分布是很不均匀的，南半球的海洋面积比北半球大得多，西半球海洋面积比东半球也大得多。如果我们再仔细地观察一下地球仪，将会发现以大洋洲的新西兰东面的安蒂波德斯群岛附近为中心的半个地球面，海洋占到90.5%，相当于全球海洋总面积的63.9%，陆地仅占9.5%。因此，人们又把这个半球称为水半球。

地球上的海洋是彼此连通的，而陆地却被海洋分隔成彼此不相连的、大小十分悬殊的、数以万计的陆地块。除几块主要大陆外，其他都称为岛屿。北美洲的格陵兰岛是世界上最大的岛。太平洋范围内的岛屿最多，光世界上最大的群岛国家印度尼西亚就有1.3万多个大小岛屿，这些岛屿基本上都在太平洋水域范畴。

海洋与陆地互相伸展，又形成诸多的海湾、内海和半岛。如墨西哥湾、孟加拉湾和波罗的海等，都是世界上著名的海湾或内海。地中海不是海湾，也不叫内海，因为它是位于两个大陆（欧、非大陆）之间的海，所以称它是陆间海。它的面积有250.5万平方千米，是世界上最大的陆间海。

我们已经知道原始生命是在海洋中孕育的。人们或许会想，既然知道地球上最初的生命诞生于海洋，凭借现代高科技的手段，揭开地球上最初的生命产生之谜，应当不是难事。其实，远非如此。地球的存在岁月已有46亿年，地球上最早的生命出现也有35亿年甚至更早。几十亿年前的地球，昔非今比，远不是今天如此美丽而"温顺"的地球。

早期的地球，常遭受着巨大的星际物质不时的撞击。这巨大的撞击和不断的火山爆发，使蕴藏于地球岩石中的大量尘埃、水和气体散发、释放到大气，遮天蔽日，整个地球处于冥冥黑暗之中，只有猛烈的狂风肆虐着地球。

那时的大气组分也远非今天的大气。那时的大气由尘埃、二氧化碳、水蒸气、氮气等组成，密度很大、温度很高。那时的海洋也与今天碧波万顷的海洋迥然不同，炽热的岩浆海在地球大地上到处沸腾着、咆哮着，这种情况维持了亿万年。

随着时间的推移，星际物质撞击和火山喷发减少了，地球表面逐渐冷却，巨雷闪电、狂风暴雨将大气中的水蒸气变成降水落到地面，形成初始的海洋。这原始的海洋与今天的海洋亦大相径庭：海水是酸性的，温度比今天海水高得多，但盐度却很低，整个海洋都是惊涛巨浪，海啸四起，因为海里的火山经常爆发。那时的月亮比今天的月亮距地球要近得多，所以海洋的潮汐很强。

地球上最早的生命在古代海洋中开始，这时的地球已有数亿年的岁月了。

那时的地球虽然仍有些动荡不安，但星际物质猛烈碰撞的时代却基本结束，大海虽然不像今天这样蔚蓝，但海洋的温度却已降到生物足以生存的地步。总之，这时地球特定的气候，海洋特定的环境，正适宜生命诞生，乃至于生存下去。

有了生命，寂寞的地球就开始有了生机。随着生物的进化，光合细菌和藻类的产生，利用光能、水和二氧化碳制造出有机物和氧气的光合作用开始，地球的大气开始了氧气的富集，这就更加适合高一级生物的生存，一个生机勃勃的地球出现了。

生命，把地球装扮得更加美丽。当然，在地球生命诞生和生存进化的亿万年漫长的岁月

火 山

65

中，决不是一帆风顺的。恶劣环境的出现，常使一些生命灭亡，幸运地是，总有新的生命诞生。生物整个发展过程中，经受了达尔文学说"物竞天择，适者生存"的严峻考验，我们生存的家园——地球，才有今天如此丰富多彩、生机盎然的生物世界。

广阔浩瀚的海洋，蕴藏着极为丰富的资源。这些资源一般可以分为海洋生物资源和海洋非生物资源。现在我们生活着的地球上已经发现形形色色、五彩缤纷的生物不下200万种，而绝大部分的生物生存空间在海洋之中。

海洋有种类繁多，难以计数的生物资源。海洋生物千姿百态、丰富多彩。地球上最大的动物——蓝鲸，生活在海洋之中，它体长可达40米，体重可有上百吨。现在陆地上最大的动物——大象，若在硕大的蓝鲸面前也就显得十分娇小了。

海洋的生物资源包括鱼类、虾类、贝类、兽类及海底植物等。世界海洋中的鱼类有2.5万多种。像日本北海道附近的海域、北美洲加拿大的纽芬兰岛周边海域、南美洲的秘鲁沿海、欧洲北面的北海等，多是寒暖流交汇的地方，饵料充裕，鱼群密集、鱼类繁多，是世界著名的大鱼场。

海洋不仅为人类提供了丰富的生物资源，还蕴藏着大量非生物资源。海洋非生物资源包括海水化学资源、海底矿产资源和海水动力资源。

大　象

由于地球数十亿年的"沧海桑田"巨变，陆地上也有盐，但地球上的盐主要来自海洋。人们都知道海水是咸的，就是因为海水中有盐类，其中氯化钠占70%，氯化镁占14%。

尽管海水对其溶解

的无机盐类扩散的能力很强，但由于海洋面积实在太大，不可能使其溶解的物质在如此广阔相连的四大洋中总能达到十分均匀的境地。海洋不同的区域蒸发量和降水量往往有较大的差异，赤道一带虽然蒸发量大，但降水量也大，所以赤道附近的海水并不是盐度最高，而亚热带纬区却因蒸发量远大于降水量，从而使亚热带纬区的海水盐度高达37.3‰。像西亚（也叫西南亚）的阿拉伯半岛和非洲之间的内海——红海，其水温和盐度都高，盐度高达41‰，其苏伊士湾含盐量竟高达43‰，是世界海水含盐量最高的海域。

世界大洋的平均盐度约为35‰，这就是说，在1千克海水中含有35克的盐类物质。四大洋以大西洋和太平洋的平均盐度最高，而北冰洋最小，北冰洋有的滨海地带温度变动大，盐度还不到10‰。

海水中含有80多种化学元素，盐类是海水中含量最多的物质。由于海洋水量巨大，这些元素即使在海水中单位含量极少，就整个海洋来说，其总量也是很大的。

有人估算过，如果把海洋中的盐类全部提取出来，平铺在地球陆地上，可以使陆地增高150米。

海底有丰富的矿产资源，除了石油、天然气外，还有金、铂、金刚石、铁、锰等金属或非金属矿物。有许多矿物储量巨大，远远大于陆地上的储量，只是由于开采难度大，尚未大量开采。

大海那十分有规律的潮汐和波涛汹涌的海浪，以及那些川流不息的海流等，都蕴含着巨大的能量，如果把它们转换为电能，造福人类，将是巨大的永恒财富。

临海的发达国家，像美国、日本、俄罗斯等，利用潮汐发电已有多年的历史，也取得了比较成熟的技术和经验；美国、德国等发达国家，已着手研究利用海浪起伏和海流流动的能量发电。

我国光可利用的潮汐能就有3 500万千瓦。我国最大的潮汐电站在浙江省温岭县，我国东南沿海其他地区还建了几十座小型潮汐电站。

作为能源，核能的利用已越来越显示出它的**光辉前景**。**核电站**就是利用核能发电。利用核能发电，在掌握了先进核能技术的发达国家电能中，已占越来越大的比重。

现在的核电站，都是利用重核（如^{235}铀）分裂成质量较小的核时发生质量亏损，释放出巨大的核能的反应，称为裂变。重核裂变释放出的能量大部分转化为热，使水变成水蒸气，推动汽轮发电机发电。

核电站消耗的"燃料"很少，一座百万千瓦级的核电站，每年只消耗30吨左右的浓缩铀（其中^{235}铀占3%～4%），而获得同样功率的火电站，每年却要消耗250万吨左右的煤，这重量竟是核电站"燃料"的8万多倍，两种电站在燃料运输这一项上就有巨大差异。

利用重核裂变释放的能量发电的核电站的"燃料"（如^{235}铀）在地球上的储量并不丰富。现在世界上许多国家都在积极研究可控热核反应的理论和技术。这是建立在轻核结合成质量较大的核时也发生质量亏损，释放出比裂变更为巨大的核能的反应，称为聚变，又叫热核反应。热核反应在宇宙中是极普遍的，像太阳及其他许多恒星之所以能损失极小的质量，而其内部却能够产生高达几千万度的温度，就是因为在那里进行着激烈的热核反应。

热核反应所用的燃料如氘，在海洋中储量非常丰富。1升海水中大约有0.03克氘，如果用来进行热核反应，放出的能量大约与燃烧300升汽油相当。因此，可以说当人类完全掌握了可控热核反应技术后，海洋就成为无穷的能量源泉。

一望无际的海洋，对地球温度的调控起到了无可代替的作用。地球的温度之所以能保持在生物可以适应、生长发育并繁衍的适宜范围，海洋是个大"功臣"。海洋和大气的相互作用控制着地球的气候和天气变化。液态水的比热容是4 186.8J/（kg·kal）（1千克水温度升高或降低1卡时需要吸收或放出的热量为4 186.8焦），比常温下其他液态物质的比热容大得多。例如，酒精、煤油的比热容只是水的一半多点，水银的比热容就更小了，只有水的

1/30。水的比热容是干泥土和砂石的4～5倍。这就是说，在同样温度变化的条件下，干泥土和砂石温度的变化是水的4～5倍。何况水有很大的熔解热和更大的汽化热。

海洋又如此辽阔，水量如此巨大，其温度的变化（升高或降低）都要吸收或释放出巨大的热量，这就使地球表面的温度不会像没有海洋的月球那样大起大落，昼夜温差高达几百度，而只是在几十度的范围内变化，这也正是海滨地区昼夜及一年四季气温变化比远离海洋的内陆小得多的原因。

地球上各大洋的海水，时刻都在运动着。大洋表层的海水常顺风飘流，人们把大股海水常年朝一定方向流动，叫做洋流，也叫海流。从水温低的海域流向水温高的海域的洋流，叫做寒流。例如，太平洋北部的千岛寒流。从水温高的海域流向水温低的海域的洋流，叫做暖流。例如，北大西洋暖流。

一般在寒流经过的沿海地区，特别是经常有风从寒流上空吹向陆地的地区，受其影响，气温较低，降水也较少；在暖流经过的沿海地区，特别是经常有风从暖流上空吹向陆地的地区，受其影响，气温较高，降水也较多。例

核电站

如，法国巴黎和英国伦敦由于受大西洋暖流的影响，尽管其纬度比俄罗斯的远东太平洋沿岸的最大海港城市符拉迪沃斯托克（海参崴）高，但由于后者受来自北冰洋的寒流影响，巴黎和伦敦的气温比符拉迪沃斯托克要高，降水量也多得多。

千万条江河归大海，海纳百川乃成其大。集中了地球上水量的91%的世界大洋的水平面变化，可以作为地球上水量变化的标志。现代的科学技术已经可以比较精确地测量海洋面的细微变化。如果地球上总水量增加，海洋面就上升；总水量减少，海洋面就下降，这当然是千真万确的论断。但是反过来认为，如果海洋面上升，地球上总水量就增加；下降，总水量就减少，这结论就有失偏颇了。因为海洋面的变化有着诸多因素，远不只是地球上总水量变化这一最直观因素所决定的。

在历史的长河里，现在我们完全可以认为地球上总水量是不变的，可是近百年来世界各海洋面都或多或少在发生变化，明确地讲，世界各海洋面都在上升。例如，波罗的海北部的海面，100年来上升了100厘米之多；芬兰湾赫尔辛基附近海面上升了30多厘米……特别是最近50年来，世界大洋面平均每年以1.5～2毫米的速度上升。

浩瀚广阔的海洋占去地球表面的70%还多，几乎是月球表面积的10倍。

石油井

海洋面每升高1厘米，其体积的改变都是巨大的，约为400立方千米，相当于世界人均60多立方米的水量（世界人口按65亿计算），而实际地球上总水量并无变化，那是什么原因使世界上海洋面上升如此之多呢?如果详尽分析,其原因是多方面的,也是很复杂的。

例如,如果地球上的水文大循环发生变化,进入陆地上的水量比正常情况(也只是一个多年平均量)少,海洋水量就增多,海洋面就上升;反之,进入陆地上的水量比正常情况多,海洋水量就减少,海洋面就下降。虽然要在世界范围内精确地测定水量平衡的变化是有困难的,但在时间的长河里,近百年人们观察测定,海洋在地球水文大循环中,进入陆地的水量并无大的变化,只是时空上的差异而已。

这就是说,近百年来海洋面的上升,并不是由于地球上的水文大循环引起的,地球变暖,气温上升才是近百年来海平面上升的真正原因。这是由于现代工业发展后,人类大量燃烧煤、石油、天然气,向大气中排放的二氧化碳日益增多。二氧化碳能够大量吸收地面放出的热量,使大气增温。

根据科学家的测算,近百年来地球平均气温升高了约$2℃$,海洋水受热膨胀,海平面就会上升。更为重要的是,由于地球变暖不仅陆地上冰川和雪盖到处开始融化、渐退,每年有几十立方千米的融水进入海洋,就是冰封亿万年的南极周边也加速融化,永冻土底冰也在减少……如果人类现在还不设法减少向大气中排放二氧化碳,全球平均气温还会持续升高,两极冰川将会全部融化,全球海平面将会大大升高。

有人估算过,如果南极洲的冰雪全部融化,海平面的高度将上升60米,那将危及许多岛屿和大陆沿海的低平原与城市,世界上大量的陆地(大部分是沃土良田)将会被海洋吞没,人类将失去难以计数的美好家园,这对人类将是多大的灾难可想而知。

世界乃至于宇宙万物,无时无刻都处于变化之中,绝对不变之物是没有的,地球上的海洋也是如此。不仅海水的温度、海平面的高低等总在变化之中,就是海洋的大小,四大洋的面积也在变化。过去曾认为海洋是个封闭系统,而现在它正呈现缩小的趋势。自从20世纪初,德国科学家魏格纳提出的"大陆漂移假说"被板块构造理论证实后,地球上大陆漂移得到科学界普遍的认同。根据测量，大西洋在扩张，太平洋在收缩；红海在不断扩大，而欧、非两洲之间的地中海正在不断地缩小。有人预言，几千万年后，红海将成为新的大洋，地中海将消失，太平洋也不再是最大的洋了。

知识点

比热容

比热容又称比热容量，曾称比热，是单位质量物质的热容量，即使单位质量物体改变单位温度时的吸收或释放的内能。比热容是表示物质热性质的物理量。通常用符号c表示。

最初是在18世纪，苏格兰的物理学家兼化学家J．布莱克发现质量相同的不同物质，上升到相同温度所需的热量不同，而提出了比热容的概念。几乎任何物质皆可测量比热容，如化学元素、化合物、合金、溶液，以及复合材料。

历史上，曾以水的比热容来定义热量，将1克水升高1摄氏度所需的热量定义为1卡路里。

延伸阅读

魏格纳与大陆漂移假说

大陆漂移假说，由德国科学家魏格纳正式提出。1911年秋天，德国气象学家魏格纳有一次在他阅读世界地图的时候发现，地球上各大洲的海岸线有种吻合的现象。魏格纳被自己的发现深深地吸引住了，经过一段时间的考虑，他产生了大陆不是固定的，而是漂移的想法。他把他的这一假想告诉了他的老师柯彭教授，提出各大洲海岸线的吻合不可能是偶然的巧合，并进一步认为，在很早以前，美洲和非洲、欧洲可能是连在一起的，后来因为发生了大陆漂移才分开。

柯彭教授是一位学识渊博的学者，而且由于魏格纳在气象学方面的突出才华而特别器重他。但他认为魏格纳幻想大陆漂移是不现实的，不可能取得什么成果。

魏格纳开始认真地搜寻证据，深入进行研究，发展巩固大陆漂移的思想。柯彭教授的女儿正是魏格纳的妻子，而她则经常受父亲之托将一些古气象资料交给魏格纳。其中有些资料记录着，在20世纪初无论是在澳洲、印度、南部非洲或南美洲，都发现了3亿年前的古冰川遗迹，在南极洲也发现了类似的古冰川泥砾。如果按照大陆漂移的观点，将现今这些隔海之遥、分散在四面八方的古冰川遗迹拼合在一起，则发现他们竟然集中在一个不大的区域内，而这个区域就是当时地球上寒冷的极地。

此外，魏格纳还从世界各大洲之间及全球范围内进行考察追索，在浩繁的地质学资料中整理、对比，找到了大量关于大陆漂移的重要证据。

大陆漂移假说经过长时间的准备工作，1912年1月6日，他在法兰克福地质协会上作了"大陆与海洋的形成"的报告，10日又应邀前往马尔堡科学协会作了"大陆的水平位移"的演讲。他将这两次演讲稿整理出版，系统地发表了他关于大陆漂移的理论，提出了"大陆漂移说"。

魏格纳的证据主要有：

（1）大陆岸线的相似性。南大西洋两岸，即非洲与南美的海岸线轮廓相互匹配，可以拼接成为一个整体，说明这两个大陆曾经相连接。褶皱系的延续性。南大西洋两岸，即非洲南端与南美布宜诺斯艾利斯之南的二叠纪褶皱山系同是东西走向的，而且地质情况相当，可以连接；欧洲挪威、苏格兰、爱尔兰与北美纽芬兰的加里东褶皱带也是可以连接的。

（2）古冰川的分布。南方诸大陆（南美、南非和南澳大利亚）和印度南部广泛分布着晚古生代的冰川痕迹，若将分布地拼合在一起，能较好地解释冰川分布的规律。

（3）化石。在南方诸大陆和印度南部的晚古生代冰碛层上普遍覆盖有具舌羊齿植物群化石的含煤地层，证明南方诸大陆与印度过去是一个整体。

●四大洋简介 ----------------------------------

太平洋

太平洋是世界第一大洋，位于亚洲、大洋洲、南极洲、拉丁美洲和北美洲大陆之间，南北长约1.59万千米，东西最宽处1.99万千米。西南以塔斯马尼亚岛东南角至南极大陆的经线（东经146°51′）与印度洋分界，东南以通过拉丁美洲南端合恩角的经线与大西洋分界，北部经狭窄的白令海峡与北冰洋相接，东经巴拿马运河和麦哲伦海峡，德雷克海峡与大西洋沟通，西经马六甲海峡、巽他海峡通往印度洋。

太平洋的面积约1.8亿平方千米，占地球表面总面积的35.2%，比陆地总面积还大，占世界海洋总面积的一半，水体体积为7.2亿立方千米，平均深度超过4 000米，最深的马里亚纳海沟深达11 034米。

太平洋是世界上岛屿最多的大洋，海岛面积有440多万平方千米，约占世界岛屿总面积的45%。横亘在太平洋和印度洋之间的马来群岛，东西延展约4 500千米；纵列于亚洲大陆东部边缘海与太平洋之间的阿留申群岛、千岛群岛、日本群岛、琉球群岛、台湾岛和菲律宾群岛，南北伸展约9 500千米，把太平洋西部的浅水区分割成十数个边缘海。

太平洋底的大海沟，呈圆环形分布在四周浅海和深水洋盆的交界处，是火山和地震活动频繁的地域。太平洋海域的活火山多达360多座，占世界活火山总数的85%；地震次数占全球地震总数的80%。太平洋是世界上珊瑚礁最多、分布最广的海洋，在北纬30°到南回归线之间的浅海海域随处可见。

太平洋的气温随纬度增高而递减，南、北太平洋最冷月的气温，从回归线到极地为20℃~16℃，中太平洋常年保持在25℃左右。西太平洋多台风，以发源于菲律宾以东、加罗林群岛附近洋面上的最为剧烈。每年台风发生次数为23~37次。最小半径80千米，最大风力超过12级。

太平洋的年平均降水量一般为1 000~2 000毫米；降水最大的海域是在哥

伦比亚、智利的南部和阿拉斯加沿海以及加罗林群岛的东南部、马绍尔群岛南部、美拉尼西亚北部诸岛，可达3 000～5 000毫米；秘鲁南部和智利北部沿海、加拉帕戈斯群岛附近则不足100毫米，是太平洋降水最少的海域。

太平洋的雨季，赤道以北为7—10月。北、南纬40°以北、以南海域常有海雾，尤以日本海、鄂霍次克海和白令海为最甚，每年的雾日约有70天。太平洋也是地球上水温最高的大洋，年平均洋面水温为19℃；在北纬5℃附近水温最高，超过28℃；平均水温高于20℃的海域占50%以上，有1/4海域温度超过25℃。由于水温、风带和地球自转的影响，太平洋内部有自己的洋流系统，这些"大洋中的河流"沿着一定的方向缓缓流动，对其流经地区的气候和生物具有明显的影响。

太平洋中最著名的洋流有千岛寒流（亲潮）、加里福尼亚寒流、秘鲁寒流、中国寒流和黑潮暖流等。太平洋以南、北回归线为界，分称为南、中、北太平洋（也有以东经160°为界，分为东西太平洋；或以赤道为界，分为南、北太平洋）。南太平洋的平均盐度为34.9‰，中太平洋为35.1‰，北太平

千岛群岛

洋为33.9‰。

太平洋从20世纪起成为世界渔业的中心，其浅海渔场面积约占各大洋浅海渔场总面积的1/2。太平洋的捕鱼量亦占全世界捕鱼总量的一半，其中以秘鲁、日本和我国的产量为最大，以捕捞鲑、鲱、鳟、鲣、鲭、鳕、沙丁鱼、金枪鱼、鳀、比目鱼、大黄鱼、小黄鱼、带鱼和捕捉海熊、海豹、海獭、海象、鲸为主；捕蟹业在太平洋渔业中也占重要地位。

太平洋底矿产资源非常丰富，据探测，深水区洋底锰、镍、钴、铜等4种金属的储藏量，比世界陆地多几十倍乃至千倍以上。在亚洲、拉丁美洲南部的沿海地区，目前发现的石油、天然气和煤等也很丰富。太平洋底部有海底电缆近3万千米。太平洋的海运业十分发达，货运量仅次于大西洋。

亚洲太平洋沿岸的主要海港有：上海、大连、广州、秦皇岛、青岛、湛江、基隆、高雄、香港、南浦、元山、兴南、仁川、釜山、海防、西贡、西哈努克城、曼谷、新加坡、雅加达、苏腊巴亚、巨港、三宝垄、米

沙丁鱼

里、马尼拉、东京、川崎、横滨、大阪、神户、名古屋、北九州、千叶、鹿儿岛、符拉迪沃斯托克（海参崴）；在大洋洲和太平洋岛屿的主要港口有：悉尼、纽卡斯尔、布里斯班、霍巴特、奥克兰、惠灵顿、努美阿、苏瓦、帕果—帕果、帕皮提、火奴鲁鲁（檀香山）；在拉丁美洲太平洋沿岸的主要海港有：瓦尔帕来索、塔尔卡瓦诺、阿里卡、卡亚俄、瓜亚基尔、布韦那文图拉、巴拿马城、巴尔博亚、曼萨尼略、马萨特兰；在北美洲太平洋沿岸的主要海港有：

洛杉矶、长滩、圣弗朗西斯科（旧金山）、波特兰、西雅图、温哥华等。

大西洋

大西洋是世界第二大洋，是被拉丁美洲、北美洲、欧洲、非洲和南极洲包围的大洋。大西洋北以冰岛—法罗海槛和威维亚·汤姆孙海岭与北冰洋分界，南临南极洲，东南以通过南非厄加勒斯角的经线同印度洋分界，西南以通过拉丁美洲南端合恩角的经线与太平洋分界。

大西洋总面积为9 337万平方千米，约为太平洋面积的一半，占海洋总面积的1/4，平均水深为3 627米，波多黎各海沟最深，为8 742米。由于大西洋底的海岭都被淹没在水面以下3 000多米，所以突出洋面形成岛屿的山脊不多，大多数岛屿集中分布在东部加勒比海西北部海域。

大西洋的气温全年变化不大，赤道地区气温年较差不到1℃，亚热带纬区约为5℃，在北纬和南纬60°地区为10℃，只在其西北部和极南部才超过25℃。大西洋的北部刮东北信风，南部刮东南信风。温带纬区地处寒暖流交接的过渡地带和西风带，风力最大，在北纬40°～60°之间冬季多暴风，南半球的这一纬区则全年都有暴风活动。在北半球的热带纬区，5～10月经常出现飓风，由热带海洋中部吹向西印度群岛风力达到最大，然后吹往纽芬兰岛风力逐渐减小。

大西洋的降水量，高纬区为500～1 000毫米，中纬区大部分为1 000～1 500毫米，亚热带和热带纬区从东向西为100～1 000毫米以上，赤道地区超过2 000毫米。夏季在纽芬兰岛沿海，拉普拉塔河口附近、南纬40°～49°海域常有海雾；冬季在欧洲大西洋沿岸，特别是在泰晤士河口多海雾；非洲西南岸全年都有海雾。大西洋表面水温为16.9℃，比太平洋和印度洋都低，但其赤道处海域的水温仍高达25℃～27℃。夏季南、北大西洋的浮冰可抵达南、北纬40°左右。大西洋的平均盐度为35.4‰，亚热带纬区最高，达37.3‰。

大西洋洋流南北各成一个环流，北部环流由赤道暖流、墨西哥湾暖流和加纳利寒流组成。其中墨西哥湾暖流是北大西洋西部最强盛的暖流，由佛罗里达暖流和安的列斯暖流汇合而成，沿北美洲东海岸自西南向东北流动，在佛罗里达海峡中，其宽度达60～80千米，深达700米，每昼夜流速达150千米，水温24℃，其延续为北大西洋暖流。南部环流由南赤道暖流、巴西暖流、西风漂流、本格拉寒流组成。在南北两大环流之间为赤道逆流，流向自西而东，流至几内亚湾为几内亚暖流。

大西洋的自然资源丰富，鱼类以鲱、鳕、黑线鳕、沙丁鱼、鲭最多，北海和纽芬兰岛沿海地区是大西洋的主要渔场，以产鳕和鲱著称。其他还有牡蛎、贻贝、螯虾、蟹类和各种藻类等。南极大陆附近还产有鲸和海豹。北海海底蕴藏有丰富的石油和天然气。

大西洋航运发达，主要有欧洲和北美各国之间的北大西洋航线；欧、亚、大洋洲之间的远东航线；欧洲与墨西哥湾和加勒比海各国间的中大西洋航线；欧洲与南美洲大西洋沿岸各国间的南大西洋航线；由西欧沿非洲大西洋沿岸到南非开普敦的航线。大西洋底部有长达20多万千米的海底电缆。

大西洋沿岸主要港口有：圣彼得堡、格但斯克、不来梅、哥本哈根、汉堡、威廉港、阿姆斯特丹、鹿特丹、安特卫普、伦敦、利物浦、勒阿弗尔、马赛、热那亚、贝鲁特、塞得港、达尔贝达（卡萨布兰卡）、圣克鲁斯、蒙罗维亚、开普敦、布宜诺斯艾利斯、里约热内卢、马拉开波、威廉斯塔德、圣多斯、克鲁斯港、休斯敦、新奥尔良、巴尔的摩、波士顿、波特兰、纽约等。

印度洋

印度洋为世界第三大洋，它位于亚洲、非洲、大洋洲和南极洲之间。印度洋北临亚洲，东濒大洋洲，西南以通过南非厄加勒斯角的经线与大西洋分界，东南以通过塔斯马尼亚岛至南极大陆的经线与太平洋相邻，面积为7 491万平方千米，平均水深3 897米。

印度洋的水域大部分位于热带地区，赤道和南回归线穿过其北部和中部海区，夏季气温普遍较高，冬季只在南纬50°以南气温才降至零下，水面温度平均在20℃～26℃之间。在印度洋热带的沿海地区，多珊瑚礁和珊瑚岛。

印度洋的海水盐度为世界最高，其中红海含盐量达到41‰左右，苏伊士湾甚至高达43‰；阿拉伯海的盐度也达36‰；孟加拉湾的盐度低些，为30‰～34‰。

印度洋北部是全球季风最强烈的地区之一，在南半球西风带中的南纬40°～60°之间和阿拉伯海的西部常有暴风，在热带纬区有飓风。印度洋降水最丰富的地带是赤道纬区、阿拉伯海与孟加拉湾的东部沿海地区，年平均降水量在2 000～3 000毫米以上；阿拉伯海西岸地区降水最少，仅有100毫米左右；南部的大部分地区，年平均降水量在1 000毫米左右。

印度洋因受亚洲南部季风的影响，其赤道以北洋流的流向，随着季风方向的改变而改变，称为"季风洋流"。在冬季刮东北风时，洋流呈逆时针方向往西流动；在夏季刮西南风时，洋流呈顺时针方向往东流动。

地处南半球的印度洋，其洋流状况大致与太平洋和大西洋相同，由南赤

珊瑚礁

道暖流、马达加斯加暖流、西风漂流和西澳大利亚寒流等组成一个独立的逆时针环流系统。印度洋的海上浮冰界限，8～9月间到达最北界，大约在南纬55°左右；2～3月间退回到南纬65°～68°的最南线。南极冰山一般可以漂到南纬40°，而在印度洋的西部地区，有时也能漂到南纬35°。

印度洋的动物和植物资源与太平洋西部相似。海水的上层浮游生物特别丰富，盛产飞鱼、金鲭、金枪鱼、马鲛鱼、鲨鱼、鲸、海豹、企鹅等。在棘皮动物中，多海胆、海参、蛇尾、海百合等。海生哺乳动物儒艮是印度洋的特产。植物多藻类，东部海岸至印度河口和西部的非洲沿海多种类繁多的红树林。

印度洋北部的非洲、亚洲和澳洲沿岸，海岸线曲折漫长，多海湾和内海，由东往西较大的有红海、波斯湾、阿拉伯海、孟加拉湾、安达曼海、萨武海、帝汶海和澳大利亚湾等。另外，印度洋的北部还有许多大陆岛、火山岛和珊瑚岛。

印度洋是沟通亚洲、非洲、欧洲和澳洲的重要航运交通要道。向东穿越马六甲海峡，可进入太平洋；向西绕过非洲最南端的好望角，能通达大西洋；往西北经红海和苏伊士运河，可进入地中海并通往欧洲。印度洋北部的许多国家盛产石油，因此它又是石油运输的重要通道。

印度洋沿岸港口终年不冻，四季通航。主要海港有仰光、孟买、加尔各答、马德拉斯、卡拉奇、吉大港、科伦坡、亚丁、阿巴丹、巴士拉、米纳艾哈迈迪、科威特、腊斯塔努腊、苏伊士、德班、洛伦索—马贵斯、贝拉、达累斯萨拉姆、蒙巴萨、塔马塔夫、弗里曼特尔等。

北冰洋

北冰洋是世界上最小的大洋，位于北极圈内，被亚洲、欧洲、北美洲所环抱，面积只有1 310万平方千米，平均水深1 200米。在亚洲和北美洲之间有白令海峡通往太平洋，在欧洲与北美洲之间以冰岛—法罗海槛和威维亚·汤姆孙海岭（冰岛与英国之间）与大西洋分界，有丹麦海峡及北美洲东北部的史密斯海峡与大西洋沟通。

北冰洋周围的国家和地区有俄罗斯、挪威、冰岛、格陵兰岛（丹）、加拿大和美国。北冰洋的寒季由11月至次年的4月，长达6个月，最冷月（1月）的平均气温为-20℃～-40℃。7、8两月是暖季，平均气温也多在8℃以下。

北冰洋的年平均降水量仅75～200毫米，格陵兰海可达500毫米左右。暖季北冰洋的北欧海区多海雾，有些地区每天都有雾，有时持续数昼夜。由于寒季格陵兰、亚洲北部和北美地区上空经常出现高气压，使北冰洋海域常有猛烈的暴风。北冰洋海域从水面到水深100～250米的水温，约为-1℃～-1.7℃，盐度为30‰～32‰；在沿岸地带水温全年变化很大，范围为-1.5℃～8℃，盐度不到25‰。北冰洋北欧海区的水面温度，全年在2℃～12℃之间，盐度在35‰左右。

北冰洋的洋流系统是由北大西洋暖流的分支挪威暖流、斯匹次卑尔根暖流和北角暖流、东格陵兰寒流等组成。北冰洋水文的最大特点，是有常年不化的冰盖，北冰洋也就成为世界上最寒冷的海洋，差不多有2/3的海域，常年被2～4米的厚冰覆盖着，其中北极点附近冰层厚达30多米。海水温度大部分时间在0℃以下，只在夏季靠近大陆的水域，温度才能升至0℃以上，并在沿岸形成不宽的融水带。但是在大西洋暖流的影响下，北冰洋内还是有几个几乎全年不冻的内海和港口，如巴伦支海南岸的摩尔曼斯克。

北冰洋中的岛屿很多，数量仅次于太平洋，总面积有400多万平方千米，主要有格陵兰岛、斯匹次卑尔根群岛、维多利亚岛等。北极地区由于严寒，居民很少，主要生活着因纽特人，他们以狩猎和捕鱼为生。在北极点附近每年都有半年左右（10月至次年3月）的无昼黑夜，此间北极上空有光彩夺目的极光出现，一般呈带状、弧状、幕状或放射状。

北极地区矿产资源丰富，有煤、石油、磷酸盐、泥炭、金、有色金属等。海洋中产白熊、海象、海豹、鲸、鲱、鳕等，巴伦支海和挪威海是世界上最大的渔场之一。北极苔原上多皮毛珍贵的雪兔、北极狐，以及驯鹿、极犬等。

北冰洋海域由于冰的阻隔，航运不发达，但也有长达9 500千米的从摩尔曼斯克到符拉迪沃斯托克（海参崴）的北冰洋航线和由摩尔曼斯克直达雷克雅未克、伦敦和斯匹次卑尔根群岛的海运航线，重要海港有阿尔汉格尔斯克和摩尔曼斯克。

知识点

极 光

极光，出现于星球的高磁纬地区上空，是一种绚丽多彩的发光现象。而地球的极光，由来自地球磁层或太阳的高能带电粒子流（太阳风）使高层大气分子或原子激发（或电离）而产生。

极光产生的条件有三个：大气、磁场、高能带电粒子。这三者缺一不可。

极光不只在地球上出现，太阳系内的其他一些具有磁场的行星上也有极光。

延伸阅读

10条最深的海沟

太平洋马里亚纳海沟：最深11 034米，为目前所知最深之海沟，也是地壳最薄之所在。该海沟地处北太平洋西方海床，位于北纬11°21′、东经142°12′，即近关岛之马里亚纳群岛东方。此海沟为两大陆板块辐辏之潜没区，太平洋板块于此潜没于菲律宾板块之下。海沟底部于海平面下之深度，远胜珠穆朗玛峰海平面上之高度。

太平洋汤加海沟：最深10 882米，在太平洋中南部汤加群岛以东，北起萨摩亚群岛，南接克马德克海沟，全长1 375千米，宽约80千米。平均深6 000米，最深达10 882米。

太平洋日本海沟：最深10 682米，在太平洋西北部，日本群岛东侧南北分布的海沟。北连千岛海沟，南接伊豆诸岛东侧小笠原群岛附近的海沟。长890千米，宽100千米。平均深度6 000米。本州岛鹿岛滩东部深8 412米，最深处在伊豆诸岛东南侧。

太平洋千岛海沟：最深10 542米，是在太平洋千岛群岛附近的一个海沟。

太平洋菲律宾海沟：最深10 497米，位于菲律宾群岛以东的海沟，从吕宋岛之东北方伸延至印尼哈马黑拉的摩鹿加群岛，长约1 320千米，阔约30千米。菲律宾海沟形成的原因是板块的碰撞，由玄武岩组成较重的菲律宾板块以每年16厘米的速度沉到由花岗岩组成较轻的欧亚板块之下。两块板块的交汇之处就是菲律宾海沟。

太平洋克马德克海海沟：最深10 047米，长约1 500千米，平均宽度60千米。

大西洋波多黎各海沟：最深9 219米，位于大西洋北部，波多黎各岛北9 218千米，长约1 550千米，平均宽度120千米。

大西洋新赫布里底海沟：最深9 174米，位于万那杜岛（新赫布里底岛）与新喀里多尼亚岛之间的珊瑚海边缘。长约1 200千米，平均宽度70千米。

太平洋布干维尔海沟：最深：9 140米，位于太平洋西南面，布干维尔岛以西9 140千米。

太平洋雅浦海沟：最深8 850米，位于太平洋西部，帕劳群岛与马里亚纳海沟之间，雅浦岛东北8 850千米。

●部分海简介 ------------------------------------

珊瑚海

珊瑚海是全球面积最大和深度最深的海，位于南太平洋，西边是澳大利亚，南与塔斯曼海毗邻，东北部为新赫布里底群岛、所罗门群岛、新几内亚（伊利安群岛）所包围，海域面积4 971万平方千米，大部分水深在3 000～4 000米以上，最深处9 174米。

珊瑚海因地处热带，海水温度全年都在20℃以上，水温最高月分超过

28℃。由于其周围几无河水流入，所以水质清澈透明，水下光线充足，人们用肉眼可见20米以下的深度，海水盐度在27‰～38‰之间，这些条件非常适合于珊瑚礁的生长和发育，分布着世界著名的大堡礁。透明碧蓝的海水中，点缀着色彩斑斓的珊瑚礁群，与五光十色的热带生物一起，构成了一个神奇无比亦梦亦幻的海底世界。

马尔马拉海

马尔马拉海是世界上面积最小的海，位于亚洲的小亚细亚半岛和欧洲的巴尔干半岛之间，东西长仅270千米，南北宽只有70千米，面积为1.1万平方千米。马尔马拉海是因欧亚大陆断层下陷而形成，所以海岸陡峭，深度较大，平均深度为183米，最深达1 355米。

亚速海

亚速海是世界上最浅的海，它位于俄罗斯与乌克兰之间，平均水深只有8

亚速海

米，最深才14米，面积为3.9万平方千米。

红海

红海是世界上含盐量最高的海，它横卧在亚洲的阿拉伯半岛和非洲大陆之间，呈西北—东南向延伸，长约2 000千米，最宽处306千米，面积45万平方千米。红海的含盐量高达41‰～42‰，在深海底部的个别地区甚至在270‰以上，已经接近饱和，是世界海洋平均含盐量的8倍左右。

红海含盐量特高的原因，与其所处的地理位置、气候条件、无河流淡水流入、以及与大洋之间的水量交换微弱有关。红海地处热带和亚热带，气温高，蒸发强，降水不足200毫米，海水长期浓缩。

红海两岸皆为干旱荒漠地区，无一条陆上淡水河流入海，掺和稀释海水。红海与印度洋的连接通道比较狭窄，且上有石林岛和下有水底岩岭阻隔，使印度洋较淡的海水进不来，而自身的咸水又出不去。

另外，红海底部还存在好几处大面积"热洞"，大量炽热的岩浆沿着地壳的裂隙涌到海底，加热周围的岩石和海水，使深层海水温度高于表层。深层的高温海水泛到海面，更加剧了红海海水的蒸发浓缩过程，使其含盐量愈来愈高。红海由于含盐量特高，繁殖有大量红色海藻，海水呈红棕色，因而得名，倒也名副其实。

波罗的海

波罗的海是世界上含盐量最低、海水最淡的海，它位于欧洲大陆与斯堪的那维亚半岛之间，由北纬54°向东一直延伸到北极圈以内，长1 600千米，平均宽度190千米，面积42万平方千米，平均水深86米。波罗的海海水含盐量只有7‰～8‰，各海湾的含盐量更低，仅2‰左右，不经处理就能直接饮用。

波罗的海含盐量如此之低的原因，首先因其年龄小，形成时间不长，水质本来就好，含盐量不高；二是它位于高纬地区，气温低蒸发弱，海水浓缩较慢；三是海域受西风带的影响，天然降水较多，可以补充淡化海水；四是其四周有为数众多的河流流入，大量淡水源源不断地补充；五是其与大西洋的通道又窄又浅，不利于海和洋间的水分交换，较咸的大西洋水很少进入。

波罗的海的海水既浅又淡，在寒冷的冬季极易结冰，特别是东部和北部海域，每年都有较长时间的冰封期，不利航运。

马尾藻海

马尾藻海是世界上唯一没有边缘和海岸的海。马尾藻海既不是大洋的边缘部分，也不与大陆毗连，完全是一个没有明确边界的"洋中之海"，周围都是广阔的洋面。

马尾藻海位于大西洋的中部海域，大致位于北纬20°～35°和西经30°～75°之间，面积很大，有数百万平方千米，是由墨西哥暖流、北赤道暖流和加那利寒流围绕而成。之所以称之为马尾藻海，是因为它的海面上遍布一种无根的水草——马尾藻，身临其境放眼远望似一片无边无际的大草原。在海风和洋流的带动下，漂浮的密集马尾藻又像一幅向远处伸展的巨大橄榄绿地毯。

此外，马尾藻海海域是一块终年无风区，在过去靠风力航行的年代，船舶一旦误入，十有八九被围困而亡，因而一向被视为恐怖的"魔海"。由于马尾藻海远离江河入海口，完全不受大陆的影响，因此浮游生物极少，海水碧青湛蓝，透明度高达66.5米，个别海域甚至可到72米，也是世界上透明度最高的海。

黑海

黑海是世界上显得最毫无生气和死气沉沉的海，它位于欧洲东南部巴尔干半岛和西亚的小亚细亚半岛之间，面积约42万平方千米，平均含盐量在22‰以下。黑海的四周都是黝黑的崖岸，海水呈青褐色，名字由此而来，倒也确切。

黑海基本上是个较为封闭的内海，北部经狭窄的刻赤海峡与亚速海相通，西南部经不宽的博斯普鲁斯海峡、马尔马拉海和达达尼尔海峡，可通往地中海。

黑海的含盐量虽然较低，但在某些水深为

黑 海

155～300米的海域里，几乎没有生物生长。经科学家调查和研究，发现这些海域有硫化氢污染，水中缺乏氧气所致。

黑海在与地中海的水流交换中，黑海较淡的海水由表层流出，收到的则是从深部流进的又咸又重的盐水，加上黑海内部环流速度较慢，被硫化氢污染的水层常年存在，生物不能存活，只能是基本无生命迹象的"死区"一块。

南海

南海是我国大陆濒临的最大外海，面积约为350万平方千米，差不多是东海、黄海、渤海三海面积总和的3倍，平均水深1 212米，最深5 559米。南海几乎被大陆、半岛和岛屿所包围，其南部是加里曼丹岛和苏门答腊岛，西为中南半岛，东部是菲律宾群岛。东北部经台湾海峡和东海与太平洋相通，东部通过巴士海峡与苏禄海相连，南部经马六甲海峡与爪哇海、安达曼海和印度洋相通。

南海岛屿众多，但除海南岛、黄岩岛和西沙群岛中的石岛外，多为珊瑚岛和珊瑚礁。南海由于地处热带和大部分地区较少受大陆影响，海水清澈湛蓝，透明度较大，分布有很多珊瑚岛和珊瑚礁，总称为南海诸岛。南海诸岛

分为东沙群岛、西沙群岛、中沙群岛、南沙群岛和黄岩岛。东沙群岛水产资源丰富；西沙群岛是海鸟的世界，鸟粪资源丰富，是优质肥料；中沙群岛是大量未露出水面的珊瑚礁；南沙群岛的面积最大，岛屿数量最多，其最南端的曾母暗沙是我国领土最南端。

流入南海的主要河流有：我国的珠江、西江，中南半岛的红河、湄公河、湄南河等。南海盛行季风漂流，夏季西南季风期为东北向漂流，冬季东北季风期为西南向漂流。南海的水温终年都很高，夏季北部海域为28℃，南部海域可达30℃；冬季除粤东海域较低为15℃外，其他大部分海域仍达24℃~26.5℃。南海的含盐量平均为34‰，近岸区因受大陆的影响含盐量较低，并且变化较大；外海区含盐量全年都较高，变化也小。

南海主要经济鱼类有蛇鲻、鲱鲤、红笛鲷和中国鱿鱼，深海区有旗鱼、鲔鱼和鲸鱼，西沙和南沙群岛盛产海参和海龟等。南海北部的北部湾、莺歌海、珠江口等盆地，蕴藏着丰富的石油和天然气资源，远景甚好，正在勘探中。

东海

东海又称东中国海，是我国大陆濒临的第二大海，它西接我国大陆，北连黄海，东北以南朝鲜济州岛经日本五岛列岛至长崎半岛南端的连线为界，穿过朝鲜海峡与日本海相通，东面由日本九州岛、琉球群岛和我国的台湾岛把其与太平洋隔开，南经台湾海峡的南界与南海相通。

东海海域面积为77万平方千米，平均水深370米，冲绳海槽最深为2 719米。流入东海的河流有长江、钱塘江、闽江、瓯江和浊水溪等，其中长江的入海径流量最大，是东海西部沿岸低盐水存在的主要原因。东海海域岛屿众多，主要有台湾岛、澎湖列岛、钓鱼岛等。

东海由于有大量的大陆河水进入，近岸水体为含盐量低的低盐水，外海的水体则是由黑潮及其分支构成的高盐水。冬季近岸水体的盐度在31‰以下，黑潮水域高达34.7‰；夏季长江口处近岸水域的海水的含盐量可低到

5‰~10‰，含盐量的年变幅高达25‰。

东海由于受黑潮和台湾暖流的影响，夏季西部我国近岸海域的水温为27℃~29℃；冬季西部海域水温低于10℃，而东部海域的水温约为20℃。

东海的主要经济鱼类有带鱼、大黄鱼、小黄鱼、乌贼、鳓鱼、鲳鱼、鳗鱼、鲨鱼、鲐鱼、鲷鱼、海蟹、鱿鱼、马面鲀等，西部近海的舟山渔场、渔山渔场、温台渔场和闽东渔场，都是著名的渔场，钓鱼岛等岛屿附近也有不错的渔场。东海凹陷带油气资源蕴藏丰富，远景看好。另外，东海我国沿海一带潮汐动力资源丰富，具有良好的开发前景。

黄海

黄海是我国大陆濒临的第三个大海，是西太平洋边缘海的一部分，由于古黄河曾在江苏北部沿岸汇入黄海，海水的含沙量高并呈黄褐色，因而得名。

黄海的西面和北面与我国大陆相接，东部与朝鲜半岛为邻，西北与渤海相通，南与东海相连，东北经朝鲜海峡与日本的东海沟通，是一个半封闭的陆架浅海。面积38万平方千米，平均深度仅有44米，最大深度140米。

流入黄海的主要河流有中朝界河鸭绿江、我国大陆淮河水系诸河流和朝鲜的大同江等。黄海中的主要岛屿是长山岛和朝鲜半岛西海岸的诸岛。黄海暖流和沿岸流是黄海的两支基本海流，流向全年稳定不随季节变化。黄海水团是由外海水团和沿岸水团混合而成，冬季是混合最为强烈的时期，也是盐度最高水温最低的季节，并且垂直分布均匀；夏季上层海水温度升至20℃~28℃，含盐量降至30.6‰~31.7‰，但下层仍为低温（6℃~12℃）和高盐水（含盐量31.6‰~33.0‰）。

黄海的主要经济鱼类和虾类有：小黄鱼、黄姑鱼、叫多古鱼、带鱼、对虾、鹰爪虾、鲷鱼、鳓鱼、鲨鱼、鳕鱼、鲐鱼、鲅鱼、鲱鱼、鲳鱼、鲽鱼等。

渤海

渤海是我国的内海，基本上被陆地所环抱，其东侧北半部是辽东半岛，北侧为下辽河平原，西侧是辽西山地和华北平原，南侧为山东半岛，仅东南部的渤海海峡与黄海相通，是一个近似封闭的浅海。

渤海面积只有7.7万平方千米，平均深度18米，最大水深70米。进入渤海的主要河流有辽河、滦河、海河和黄河，在入海口的底部形成了各自的水下三角洲和谷地。西部的渤海湾海域，水深不足10米，是渤海的"滞缓区"，与出海口水体的交换能力很微弱，具有水浅和淤泥质潮间带的特征，自净能力较差，极易遭到污染。

渤海的主要岛屿为庙岛列岛、长兴岛、凤鸣岛、西中岛、菊花岛等。主要经济鱼类有小黄鱼、鳓鱼、黄姑鱼、鲷鱼、带鱼、梭鱼、鲆鲽、鲅鱼、鲈鱼、毛虾和对虾等。

渤海位置靠北，每年冬季沿岸都有不同程度的结冰现象，在重冰年大部分海面封冻，并在港口有厚冰堆积，船只常被冻在海上，航运交通中断。渤

带　鱼

海沿岸盛产海盐，西岸长芦盐场的海盐产量居全国首位。

知识点

潮　汐

潮汐是指海水在天体（主要是月球和太阳）引潮力作用下所产生的周期性运动，习惯上把海面垂直方向涨落称为潮汐，而海水在水平方向的流动称为潮流。古代称白天的河海涌水为"潮"，晚上的称为"汐"，合称为"潮汐"。

潮汐是所有海洋现象中较先引起人们注意的海水运动现象，它与人类的关系非常密切。海港工程，航运交通，军事活动，渔、盐、水产业，近海环境研究与污染治理，都与潮汐现象密切相关。尤其是，永不休止的海面垂直涨落运动蕴藏着极为巨大的能量，这一能量的开发利用也引起人们的兴趣。

延伸阅读

海洋经济

海洋经济是指开发、利用和保护海洋的各类产业活动，以及与之相关联活动的总和。它主要包括为开发海洋资源和依赖海洋空间而进行的生产活动，以及直接或间接为开发海洋资源及空间的相关服务性产业活动，如海洋渔业、海洋交通运输业、海洋船舶工业、海盐业、海洋油气业、滨海旅游业等，它们都属于现代海洋经济的范畴。

海洋是人类生存与发展的资源宝库和最后空间，发达国家的目光将从外太空转向海洋，人类社会正在以全新的姿态向海洋进军，海洋将成为国际竞争的主要领域，包括高新技术引导下的经济竞争。世界四大海洋支柱产业——海洋石油工业、滨海旅游业、现代海洋渔业和海洋交通运输业已经形成，世界范围内的海洋产业发展经历了从资源消耗型到技术、资金密集型的产业结构升级，海洋经济正在并将继续成为全球经济新的增长点。

目前，人类社会正在以全新的姿态向海洋进军，国际海洋竞争日趋激烈。

美国指出：海洋是地球上"最后的开辟疆域"，未来50年要从外层空间转向海洋；加拿大提出：发展海洋产业，提高贡献，扩大就业，占领国际市场；日本利用科技加速海洋开发和提高国际竞争能力；英国把发展海洋科学作为迎接跨世纪的一次革命；澳大利亚在今后10～15年要强化海洋基础知识普及，加强海洋资源可持续利用与开发。

国际海洋竞争将主要表现在以下方面：发现、开发利用海洋新能源；勘探开发新的海洋矿产资源；获取更多、更广的海洋食品；加速海洋新药物资源的开发利用；实现更安全、更便捷的海上航线与运输方式。

●江河水及部分河流简介 ——————————————

奔腾不息的江河水和波光潋滟的湖泊水对地球总水量而言是微不足道的，就是在地球总淡水量中也只占极少部分。但是江河湖泊水是地球陆地上分布广、更换周期短、与人类关系最密切、最便于开发利用的水体。一个国家江河湖泊水量的多少，常常可以直接标识其水资源的丰富或贫乏程度。

人类的祖先早就懂得，濒临江河湖泊是最宜于颐养生息的地方。黄河是中华民族的摇篮，有了黄河，才有炎黄子孙的繁衍，才有中华民族的悠久文明；有了幼发拉底河和底格里斯河才有文明古国巴比伦；恒河孕育了印度的古代文明；尼罗河使埃及的古代文明大放异彩。世界上大多数城市都邻近江河湖泊，一个远离江河湖泊的城市，往往会因为缺水而受到制约。

地球上的江河若不计长短，湖泊若不计大小，其数量是难以计数的。所以我们所谈及的都是主要江河湖泊。

如果以长度来衡量江河的大小，世界上长度超过1 000千米的江河就60多条。这60多条大河，在各大洲（除南极洲）的分布数量多少排序基本上与六大洲面积大小排序相同。面积最大的亚洲，长度超过1 000千米的江河有20条，面积最小的大洋洲只有5条，非洲有16条，北、南美洲各有12条，欧洲有10条。

　　众所周知，南美洲的亚马孙河除长度略逊于非洲的尼罗河而屈居世界第二外，在流域面积和河口年平均流量方面均独占鳌头。它的流域面积是尼罗河的2倍多，几乎等于我国长江的4倍；它的河口年平均流量为我国长江的3.7倍，是尼罗河的52倍。这是因为亚马孙河流域地处赤道附近，雨量充沛，汇水面积又大。亚马孙河上游多急流瀑布，中、下游自西向东横贯巴西北部，河宽水丰，支流繁多，其长度超过1000千米的支流就有20多条。亚马孙河注入大西洋，洪水期间，河口一片汪洋，有"河海"之称，每年注入大西洋的水量占全世界河流注入海洋的1/6，使巴西成为世界上水资源最丰富的国家。

　　刚果河尽管其长度只及尼罗河的2/3，比我国长江还短1700多千米，但是由于刚果河流域地处非洲降水量大的赤道附近，其汇水面积又大，汇集了丰富的降水，入海（大西洋）河口年平均流量比我国长江还多1/4。

　　在大陆腹地，由于远离海洋，或因地形特殊，河流不是流达海洋，而是汇集于洼地、深谷形成湖泊；或因地处干旱少雨，蒸发量远大于降水量的荒漠之中，所形成的河流逶迤于荒漠而逐渐渗于地下。这些最终不能归宿

尼罗河

到海洋的河流就是内流河，也叫内陆河。我国内流河主要分布在西北地区的新疆、青海和内蒙古。这些地区的降水量远少于蒸发量，是比较干旱的地区。

　　我国幅员辽阔，河流众多。流域面积在100平方千米以上的河流就有5万多条，流域面积超过1000平方千米的也有1500多条。外流区和内流区分别占

国土总面积的2/3和1/3。

尼罗河

尼罗河位于非洲东部，由南向北流，全长6 650千米，为世界第一长河。尼罗河是一个多源河，最远的源头称阿盖拉河，注入维多利亚湖，再从其北岸的金贾流出，北流进入东非大裂谷，形成卡巴雷加瀑布，然后经艾伯特湖北端，在尼穆莱附近进入苏丹，经马拉卡勒后称白尼罗河。由于白尼罗河流经大片沼泽，所含杂质大部沉淀，水色纯净，但因水中夹带有大量水生植物而呈乳白色而得名。白尼罗河北流至喀土穆汇青尼罗河，在喀土穆以北320千米接纳阿特拉巴河，流至埃及首都开罗进入尼罗河三角洲，并分为罗基塔河与塔米埃塔河两个支汊，分别注入地中海。

尼罗河流域面积3 349万平方千米，人口超过5 000万，流经布隆迪、坦桑尼亚、卢旺达、扎伊尔、肯尼亚、马子达、苏丹、埃塞俄比亚、埃及9个国家。尼罗河下游地区自古以来就是著名的灌溉农业区，孕育了古埃及文明。尼罗河水的涨落非常有规律，6～7月份是洪水期，河口处的最大流量可达6 000立方米/秒，易泛滥成灾。但是洪水带来的肥沃泥土有利于农业，在尼罗河流域的尼罗特人、贝扎人、加拉人、索马里人，都与尼罗河息息相关。在尼罗河两岸至今还留有大量古代文明的遗迹，如金字塔，巨大的帝王陵墓、神庙等。

亚马孙河

亚马孙河

亚马孙河全长6 500千米，流域面积705万平方千米，河口处的年平均流量达12万立方米/秒，是南美洲第一大河，长度仅次于非洲尼罗河，为世界第二长河，但它是世界上水量最大和流域面积最广的河流。

亚马孙河上源乌卡亚利河与马拉尼翁河发源于秘鲁的安第斯山脉，干流横贯巴西西部，在马拉若岛附近注入大西洋。亚马孙河流域广大，纬度跨距有25°之多，包括巴西的大部分，委内瑞拉、哥伦比亚、厄瓜多尔、秘鲁和玻利维亚的一部分。

亚马孙河支流众多，有来自圭亚那高原、巴西高原和安第斯山脉的大小支流近千条。主要有雅普拉河、茹鲁阿河、马代拉河、欣古河等7条，它们的长度都在1600千米以上，其中马代拉河最长，达3219千米。

亚马孙河地处世界上最大最著名的热带雨林地区，降水非常充沛，由西部的平原到河口的辽阔地域内，年平均降水量都在2000毫米以上，河水量终年丰沛。亚马孙河每年注入大西洋的水量，约占全世界河流入海总水量的20%。亚马孙河水大、河宽、水深，巴西境内的河深大都在45米以上。马瑙斯附近深达百米，下游的河宽在20~80千米，喇叭形的河口宽达240千米。如此宽深的水面，使亚马孙河成为世界最著名的黄金水道，具有极大的航运价值。

亚马孙河流域的大部分地区，覆盖着热带雨林，动植物种类繁多，是生物多样性最为丰富的地区。热带雨林中的硬木、棕榈、天然橡胶林等，都具有极大的经济价值，但开发利用应当科学和有度。河深水阔的亚马孙河，支流密布，加上大片的沼泽和众多的牛轭湖，组成了一片广袤的淡水海域，栖息和繁衍着大量鱼群和为数众多的珍稀生物，有世界上最大的食用淡水鱼——皮拉鲁库鱼、淡水豚、海牛、鳄鱼、巨型水蛇等水生生物和大量珍禽异兽。

密西西比河

密西西比河位于北美洲，全长6020千米，流域面积322.1万平方千米，为北美第一大河和世界第四长河，在长度上仅次于尼罗河、亚马孙河和我国的

长江。

密西西比河干流发源于美国明尼苏达州艾塔斯卡湖，由北向南流经加拿大的两个省和美国的31个州，最后注入墨西哥湾。主要支流有西岸的密苏里河、阿肯色河、雷德河等，东岸的俄亥俄河、田纳西河等。

密西西比河水量丰富，具有航运灌溉之利，素有"河流之父"和"老人河"之称。密西西比河的中、下游河道迂回曲折，流淌在大平原上，曲流发育，河漫滩广阔，沼泽和牛轭湖遍布。

密西西比河含沙量较大，每年输入墨西哥湾的泥沙达4.95亿吨，在河口处形成了巨大的鸟足形三角洲，面积有7.77万平方千米，其中2.6万平方千米露出水面，每年可向海中推进近100米。

密西西比河及其支流构成了美国最庞大的内河航运网，北经俄亥俄河与伊利诺伊水道能与五大湖沟通。

水深在2.75米以上的航道有上万千米，可航水路达2.5万千米。重要河港有明尼阿波利斯、圣保罗、圣路易斯、海伦娜、格森维尔、维克斯堡和新奥尔良等。

刚果河

刚果河又名扎伊尔河，位于非洲大陆赤道附近，流经扎伊尔、赞比亚、刚果、安格拉、中非共和国5个国家，在扎伊尔的巴纳纳城附近注入大西洋，全长4 370千米，流域面积369.1万平方千米。按长度计虽名列世界第八，但其水量仅次于南美洲的亚马孙河，为世界第二大河。

刚果河发源于扎伊尔南部加丹加高原。其流域的70%在扎伊尔境内，因流域的大部分地区属长年高温多雨的赤道气候，年降水量都在1 500毫米以上，加之赤道南北的雨季相互交错，北部雨季在4～9月，南部则为10月到次年的3月，全年充沛的降水补给不间断，使河流的水量丰富而稳定。

刚果河上游有两支，西支叫卢阿拉巴河，发源于加丹加的沙巴高原；东支称卢瓦普拉河，发源于班韦乌卢湖，在接纳了赞比亚境内的钱贝西河后，经姆韦姆湖汇入西支卢阿拉巴河。

刚果河可通航的支流有39条之多，可通航800～1 000吨驳船的里程达1 000千米。刚果河

鹦鹉

水力资源极其丰富，蕴藏量近4亿千瓦。沿岸分布有扎伊尔首都金沙萨、刚果首都布拉柴维尔和卡巴洛、基桑加尼、班姆达、马塔迪等城市及海港巴纳纳。流域内的野生动物种类繁多，建有数处国家级野生动物保护区，其中乌彭国家公园的面积达11 730平方千米，动物有斑马、羚羊、象、水牛、狮子等；萨隆加公园的森林茂密，栖息着鹦鹉、象、羚羊、猿猴等动物。

🖍️ 知识点

流 域

流域是由分水线所包围的河流集水区。分地面集水区和地下集水区两类。如果地面集水区和地下集水区相重合，称为闭合流域；如果不重合，则称为非闭合流域。平时所称的流域，一般都指地面集水区。

每条河流都有自己的流域，一个大流域可以按照水系等级分成数个小流域，小流域又可以分成更小的流域等。另外，也可以截取河道的一段，单独划分为一个流域。流域之间的分水地带称为分水岭，分水岭上最高点的连线为分水线，即集水区的边界线。处于分水岭最高处的大气降水，以分水线为界分别流向相邻的河系或水系。

在水文地理研究中，流域面积是一个极为重要的数据。自然条件相似的两个

或多个地区，一般是流域面积越大的地区，该地区河流的水量也越丰富。

流域特征包括：流域面积、河网密度、流域形状、流域高度、流域方向或干流方向。

流域根据其中的河流最终是否入海可分为内流区（或内流流域）和外流区（外流流域）。

延伸阅读

河流域人类文明

在探索文明的源流时，谁也不能无视河流的作用，这种作用在人类文明之初，往往是决定性的，无可替代的。尼罗河、幼发拉底河、底格里斯河、恒河、黄河、长江都孕育过伟大的文明，都是今天世界文明的重要源头。

一条大河，从源头到河口，一般都流经高原、山脉、丘陵、平原，滋养了森林、草原和各种动植物，不可避免的水土流失和河水泛滥还造成了冲积平原和肥沃的土壤。先民无论是从事采集、农耕、养殖，还是从事狩猎、畜牧，都能在河流旁获得适合的场所。充足的水源使人们可以聚居，形成聚落，发展为城市。河流不仅为人类提供了生活和生产所必须的水源和物资，而且也是人类迁移的主要通道。

狩 猎

高山密林往往能将人类阻隔，但河流却能穿越峡谷或荒漠进入另一个谷地，为人们找到新的开拓空间。特别是在生产力低下、地理知识贫乏的年代，要在榛莽未辟、禽兽出没或荒无人烟、寸草不生的陆地上作长途迁移是相当困难的，顺河流而下却要方便得多，并且不会迷失方向。

非洲的东非大裂谷是公认的人类主要发祥地，在那里形成和繁衍的人类之所以能分布到世界大多数地方，一个重要的因素就是尼罗河的存在。基本南北向的尼罗河受地球引力的影响较小，河流顺直，水势平缓，成为早期人类外迁的天然途径。由尼罗河进入地中海后，又能在较短的距离内到达沿岸各地，再迁往欧洲、亚洲其他地方。在尼罗河下游和地中海沿岸，埃及、巴比伦、亚述、腓尼基、希腊、罗马等多种文明交相辉映，世界其他地区望尘莫及。尼罗河三角洲每年泛滥留下的沃土，构成了古埃及农业生产的基础，支撑起绵延数千年的埃及、希腊、罗马、拜占庭、伊斯兰文明。

黄河在中华文明的形成和发展过程中起着无可替代的、最重要的作用。长江流域同样孕育了早期文明。根据现有的考古发现，其中一部分存在的时间比我国境内的其他文化遗址还要早，甚至发展程度更高。我国的其他大河，如淮河、珠江、海河、辽河、黑龙江、塔里木河、雅鲁藏布江等，都曾形成各自的文明，在历史起过重大作用，至今还滋养着一方民众。

●我国部分河流简介

长江

长江又名扬子江，是我国的第一大河，世界第三大河，全长6 300千米，流域面积181万平方千米，年入海径流量约1 000立方千米。

长江的正源沱沱河，发源于青海省唐古拉山主峰各拉丹冬雪山的西南侧，由西向东流经青海、西藏、云南、四川、重庆、湖北、湖南、江西、安徽、江苏、上海9个省、自治区和2个直辖市，最后在上海的吴淞口以下注入东海。长江的支流则延展至甘肃、陕西、河南、广西、广东、福建等8个省（区）。

长江流域是我国经济高度发达的流域，内有耕地4亿多亩，生活着3.58亿人口，生产全国36%以上的粮食，23%以上的棉花和70%的淡水鱼类。长江水系十分发育，支流、湖泊众多，干流横贯东西，支流伸展南北，由数以千计的支流组成一个庞大的水系。主要支流有雅砻江、岷江、沱江、嘉陵江、乌江、湘江、汉江、赣江、青弋江、黄浦江等18条，它们串连着鄱阳湖、洞庭湖、太湖等大大小小湖泊。

长江上游河段在各省有不同的名称，在青海省玉树县以上称通天河，玉树至四川宜宾一段叫金沙江，宜宾到湖北宜昌段称川江，湖北枝城至湖南城陵矶段叫荆江。习惯上人们将宜宾以下的干流段称为长江。

长江流域，除西部一小部分为高原气候外，都属亚热带季风气候，温和湿润，雨量充沛，多年平均降水量1 100毫米左右，河流水量丰富而稳定，年际变化较小。长江流域的水力资源极其丰富，总落差高达5 400米，理论蕴藏量为2.64亿千瓦，其中干流为9 168万千瓦，占全流域水能拥有量的34.2%。

长江是我国的"黄金水道"，自古以来就是东西水上运输的大动脉。目前干、支流的通航里程约为7万千米，其中可通航机动船舶的有3万多千米，万吨海轮可逆河上溯至江苏南京，5 000吨海轮可直航湖北武汉，1 000吨级船舶可航达重庆市。长江沿岸是我国工业最为集中的地带，沿江有重庆、武汉、南京、上海等大城市和为数众多的中小城市。

黄河

黄河是我国的第二长河，世界第五长河，源于青海巴颜喀拉山，干流贯穿9个省、自治区：青海、四川、甘肃、宁夏、内蒙古、陕西、山西、河南、山东，年径流量574亿立方米，平均径流深度79米。但水量不及珠江大，沿途汇集有35条主要支流，较大的支流在上游，有湟水、洮河，在中游有清水河、汾河、渭河、沁河，下游有伊河、洛河。两岸缺乏湖泊且河床较高，流入黄河的河流很少，因此黄河下游流域面积很小。

黄河从源头到内蒙古自治托克托县区河口镇为上游，河长3 472千米；河口镇至河南孟津间为中游，河长1 206千米；孟津以下为下游，河长786千米。黄河横贯我国东西，流域东西长1 900千米，南北宽1 100千米，总面积达752 443平方千米。

上游河段流域面积38.6万平方千米，流域面积占全黄河总量的51.3%。上游河段总落差3 496米，平均比降为10‰；河段汇入的较大支流（流域面积1 000平方千米以上）43条，径流量占全河的54%；上游河段年来沙量只占全河年来沙量的8%，水多沙少，是黄河的清水来源。上游河道受阿尼玛卿山、西倾山、青海南山的控制而呈S形弯曲。黄河上游根据河道特性的不同，又可分为河源段、峡谷段和冲积平原三部分。

黄 河

下游流域面积仅2.3万平方千米，占全流域面积的3%；下游河段总落差93.6米，平均比降0.12‰；区间增加的水量占黄河水量的3.5%。由于黄河泥沙量大，下游河段长期淤积形成举世闻名的"地上悬河"，黄河约束在大堤内成为海河流域与淮河流域的分水岭。除大汶河由东平湖汇入外，本河段无较大支流汇入。

珠江

珠江旧称粤江，是我国南方最大的河流，河长2 120千米，流域面积45.3万平方千米（含越南境内的1.16万平方千米），年入海径流量349.2立方千米，为黄河水量的6倍。

珠江是我国第六长河，但其水量仅次于长江，为我国第二大河。珠江是指包括西江、北江、东江和珠江三角洲诸河在内的总称，具有复合流域和复合三角洲的特点。

　　珠江流经云南、广西、贵州、湖南、江西、广东六省（区），支流众多，以西江为干流。西江发源于云南省沾益县的马雄山，从上游到下游各个河段都有别称。由河源至蔗香双江口（贵州）叫南盘江，双江口至象州三江口（广西）称为红水河，三江口至桂平，（广西）叫黔江，桂平至梧州（广西）称浔江，梧州以下至河口段始称西江，经磨刀门注入南海。

　　珠江水系的三江入海处，发育有各自的三角洲，相互连接成面积为1.1万平方千米的珠江三角洲平原。

　　珠江平原上河道密布，相互沟通，构成网状水系，主要水道有34条。

　　珠江水力资源丰富，航运价值极大，常年可以通航的里程有1.2万千米之多，广州黄埔港以下能通航万吨轮船，千吨轮船可溯西江直达梧州。珠江流域城镇众多，人口稠密，经济发达。

雅鲁藏布江

　　雅鲁藏布江藏语意为"高山上流下来的雪水"，是我国西南部最大的河流之一，其流域的平均海拔高程为4 500米，是我国也是世界上海拔最高的河流。

　　雅鲁藏布江发源于西藏西南部喜马拉雅山北部的杰马央宗冰川，由西向东流横贯西藏南部，在喜马拉雅山脉的最东端绕过南迦巴瓦峰转而南流，经巴昔卡流出我国国境进入印度，称布拉马普特拉河，在孟加拉国的戈阿隆多市附近与恒河汇合，最后注入孟加拉湾。

　　雅鲁藏布江天然水力资源极其丰富，蕴藏量近1亿千瓦，仅次于长江流域，名列全国第二。

雅鲁藏布江

雅鲁藏布江的里孜以上为上游，坡陡落差大，平均坡降达2.6‰，河谷宽达1～10千米，为典型的高原宽谷型河谷形态。里孜至米林县的派区为中游，平均坡降1.2‰，沿途汇入众多支流，流量大，河谷呈宽窄相同的串珠状，最宽处达2～8千米。这里气候温和，适于农耕，是西藏农业最发达的地区。派区以下为下游，平均坡降5.5‰。雅鲁藏布江由米林县里龙附近折向西北，至帕隆藏布江汇入后急转向南，进入著名大拐弯的高山峡谷段，经巴昔卡进入印度。在大拐弯顶部两侧有海拔7 151米和7 756米的加拉白垒峰和南迦巴瓦峰，从南迦巴瓦峰的峰顶到墨脱的江面，相对垂直高差达7 100米。据我国地理学家实地考察和考证，此处是世界上切割最深和最大的峡谷。

淮河

淮河是发源于河南省桐柏县桐柏山的主峰大白岭，自西向东流，经河南和安徽省在江苏省汇入洪泽湖。淮河的大部分水量经三河闸，穿过高邮湖至江都县三合营入长江，小部分水量经苏北灌溉总渠流入黄海。

淮河全长1 000千米，流域面积26.9万平方千米，流域内有1 300万人口，近2亿亩耕地。北岸支流众多且较长，主要有洪河、颍河、涡河、浍河、沱河等，河床平缓，水流缓慢；南岸的支流少并且短，多发源于大别山区，主要有史河等，河床比降大，水量丰富。

淮河是我国自然地理分区的一条重要界线，南、北气候在此分野。干流以南属亚热带湿润气候，类似长江流域；干流以北基本上属黄淮冲积平原，类似华北地区，属暖温带湿润气候。

淮河由源头至洪河口为上游，流经山丘区，河道比降大，平均为0.5‰；洪河口至中渡为中游，河道曲折，比降极小，只有0.03‰，水流缓慢，除穿越几个峡口外，干流的两岸地势平坦，多洼地湖泊；中渡以下为下游，地势低平，河道宽浅，密集的水网纵横交错，干支流上人工闸坝众多，湖泊星罗棋布。

塔里木河

塔里木河河水主要靠上游山地降水及高山冰雪融水补给。从阿克苏河口到尉犁县南面的群克尔一带河滩广阔，河曲发育，河道分支多。洪水期无固定河槽，水流泛滥，分散，河流容易改道。在河谷洼地易形成湖泊、沼泽。群克尔以下河道又合成一支。

历史上塔里木河河道南北摆动，迁徙无定。最后一次在1921年，主流东流入孔雀河注入罗布泊。1952年在尉犁县附近筑坝，同孔雀河分离，河水复经铁干里克故道流向台特马湖。塔里木河中、上游有大规模水利设施，1971年建有塔里木拦河闸。沿岸新建许多农场。

塔里木河河水流量因季节差异而变化很大。每当进入酷热的夏季，积雪、冰川融化，河水流量急剧增长，奔腾咆哮着穿行在万里荒漠和草原上。在塔河上架有一座80孔，混凝土结构，全长1 600余米的大桥。在塔河流域兴建了许多水利设施。各族人民的辛勤耕耘，昔日荒漠变成良田，塔河两岸瓜果满园，稻花飘香。

知识点

上游、中游、下游

上游：直接连着河源，在河流的上段，它的特点是落差大，水流急，下切力强，河谷狭，流量小，河床中经常出现急滩和瀑布。

中游：河流的中段，一般特点是河道比降变缓，河床比较稳定，下切力量减弱而旁蚀力量增强，因此河槽逐渐拓宽和曲折，两岸有滩地出现。

下游：河流接近出口的部分，亦指下游附近的地区。特点是河床宽，纵比降小，流速慢，河道中淤积作用较显著，浅滩到处可见，河曲发育。

延伸阅读

黄河断流

从1972年起黄河经常出现断流的情况。断流的原因有很多，概括起来主要有以下几点：

1. 全球变暖——随着近年来全球变暖情况的加剧，一方面使得河道的蒸发量大增，另一方面春夏季上游冰川的融化大量吸收热量，造成内陆局部气温低于往常，减小了内陆和海洋之间的温差，进而造成季风减弱，缺少季风从海面带进内陆的水汽。虽然全球变暖使冰川融化加大上游水源的流量，却抵消不了蒸发量的提高和季风减弱的影响效应，造成中下游的水量逐年减少。

2. 植被破坏——黄土高原地区植被破坏严重，缺少植被涵养的土地逐步沙漠化，蒸发量变高，土地干燥，地下水需要不停吸收流经河道才能补充。

3. 灌溉方式落后——黄河中上游流经的多为经济较不发达的老少边穷地区，缺少节水灌溉的技术和资金，多为大水漫灌，黄河水浪费严重。

（1）上游属干旱半干旱区降水率极少，中游为主要补给区但水土流失严重、季节变化大，下游流域面积小，补给少；

（2）流域内人口增长快，人口增长速度远远超过了粮食增长率；

（3）近几十年来，随着社会发展，黄河沿岸工业和城市用水量不断增加，引黄灌溉面积不断扩大；

（4）水库调节能力较低，水资源管理不统一；

（5）水费低廉，低水价唤不起人们的节水意识，工农业用水浪费极大；

（6）环境污染急剧降低黄河水的利用率。

（7）河道沿岸工厂污水排放过多。

黄　河

●运河与瀑布 ————————————————————————

　　上面所说的不管是外流河还是内流河都是在漫长的岁月里自然形成的，是大自然的"手笔"。人类一直在按照自己的意愿改造大自然，尤其是开凿河道，用以沟通不同的水系或海洋而形成运河方面更是大显身手。

　　欧洲不少河流之间都开凿了运河，互相连通。例如，前面已经述及的俄罗斯的伏尔加河，靠运河实现了"五海通航"；德国向来重视内河航运，开凿了1 000多千米的运河，与被称为"黄金水道"的天然河道莱茵河、多瑙河、易北河等相通，使内河航线四通八达，内河货运量每年在2亿吨以上，占全国货运量的1/4。

　　非洲埃及的苏伊士运河和北美洲巴拿马的巴拿马运河，都是世界上最著名的运河，也是世界上最重要的海运枢纽。这两条运河分别沟通了印度洋和大西洋、太平洋和大西洋之间的水道，均可通航数万吨船，大大缩短了太平洋、大西洋、印度洋之间的航程，是国际航运中具有重要战略意义和经济意义的水道。

　　苏伊士运河也叫苏彝士运河，是一条海平面的水道，在埃及贯通苏伊士地峡，连接地中海与红海，提供从欧洲至印度洋和西太平洋附近土地的最近的航线。它是世界使用最频繁的航线之一。是亚洲与非洲的交界线，是亚洲与非洲人民来往的主要通道。

　　运河北起塞得港南至苏伊士城，长168千米，河面平均宽度为135米，平均深度为13米。在塞得港北面掘道入地中海至苏伊士的南面。运河并非以最短的路线穿过只有120千米长的地峡，而是自北至南利用几个湖泊：曼札拉湖、提姆萨赫湖和苦湖（大苦湖、小苦湖）。

　　苏伊士运河是条明渠，无闸。虽然全长是直的，但也有8个主要弯道。运河西面是尼罗河低洼三角洲，东面较高，是高低不平且干旱的西奈半岛。在建造运河（1869年竣工）之前，唯一重要居民区是苏伊士城。可能除了坎塔拉外，沿岸的其他城镇都在运河建成后逐渐发展起来。

苏伊士运河处于埃及西奈半岛西侧，横跨苏伊士地峡，处于地中海侧的塞德港和红海苏伊士湾侧的苏伊士两座城市之间，全长约163千米。

这条运河允许欧洲与亚洲之间的南北双向水运，而不必绕过非洲南端的风暴角（好望角），大大节省了航程。从英国的伦敦港或法国的马赛港到印度的孟买港做一次航行，经苏伊士运河比绕好望角可分别缩短全航程的43%和56%。在苏伊士运河开通之前，有时人们通过从船上卸下货物通过陆运的方法在地中海和红海之间实现运输。

巴拿马运河是巴拿马共和国拥有和管理的水闸型运河，切过狭窄的巴拿马地峡，连接大西洋和太平洋。其长度，从一侧的海岸线到另一侧海岸线约为65千米。水深13～15米不等，河宽150～304米。整个运河的水位高出两大洋26米，设有6座船闸。船舶通过运河一般需要9个小时，可以通航7.6万吨级的轮船。

巴拿马运河是世界上最具有战略意义的人工水道之一。行驶于美国东西海岸之间的船只，原先不得不绕道南美洲的合恩角，使用巴拿马运河后可缩短航程约1.5万千米。由北美洲的一侧海岸至另一侧的南美洲港口也可节省航程多达6 500千米。航行于欧洲与东亚或澳大利亚之间的船只经由该运河也可减少航程3 700千米。

我国的京杭运河始凿于春秋末期，距今已有2 000多年，后由隋、元等朝扩建而成。京杭运河北起北京市的通州、南抵浙江省的杭州，沟通了海河、黄河、淮河、长江和钱塘江五大水系，全长约1 801千米。它是世界上开凿最早、流程最长的运河。

运河的开凿旨在获水上航运之利，京航运河航道是我国最重要的南北向内河航线，运输量仅次于长江，居我国内河航运的第二位。今天，京杭运河还能在远程调水（如南水北调）中发挥巨大的作用，以缓解我国降水在时空分布上的不均衡。

瀑布是从高崖绝壁飞泻而下的水流，我国较有名的瀑布有二三百处。大多分布在秦岭、淮河以南雨量相对比较丰富的高山峻岭之中。我国最有名的三大瀑布：黄果树瀑布、黄河壶口瀑布、黑龙江吊水楼瀑布，却有两处在我国北方。

黄果树瀑布

黄果树瀑布是我国最大的瀑布，也是世界著名大瀑布之一。位于贵州省安顺市镇宁布依族苗族自治县境内的白水河上。周围岩溶广布，河宽水急，山峦叠嶂，气势雄伟，历来是连接云南、贵州两省的主要通道。现有滇黔公路通过。白水河流经当地时河床断落成九级瀑布，黄果树为其中最大一级。瀑布宽30米（夏季可达40米），落差66米，流量达每秒2 000多立方米，以水势浩大著称。

瀑布对面建有观瀑亭，游人可在亭中观赏汹涌澎湃的河水奔腾直泻犀牛潭。腾起水珠高90多米，在附近形成水帘，盛夏到此，暑气全消。瀑布后绝壁上凹成一洞，称"水帘洞"，洞深20多米，洞口常年为瀑布所遮，可在洞内窗口窥见天然水帘之胜境。

我国的母亲河黄河，在山西省吉县和陕西省宜川县交界处的主流峡谷中的壶口瀑布，是千里黄河第一大瀑布。汹涌澎湃的黄河水，沿峡谷从北浩浩荡荡奔腾而来，河床由250米多倏忽紧缩成不到50米的狭口，滔滔黄河巨流被挤压在狭口中，从十几米的陡崖上直泻而下，黄波沸滚，声如雷霆，数里可闻。恰似一硕大茶壶倾天上之水，这大自然的奇景，蔚为壮观。

黑龙江省吊水楼瀑布，位于宁安县西南群山之中。镜泊湖收牡丹江上游之水，成一近百平方千米的高山堰塞湖。湖口巨流溢泻，落差多达20多米，下面为深达60多米的黑龙深潭。瀑流气势磅礴，深潭惊涛怒吼，甚为壮观。

世界上有许多闻名遐迩的著名瀑布，她们都是大自然赐予人类的瑰宝。以她们的壮丽、奇美引人入胜，成为重要旅游资源。利用瀑布落差所获得的水能还可以发电，所以瀑布也是一种天然能源。另外，瀑布周围由于水花飞溅，雨雾弥漫，产生更多的有益于人体健康的负离子，使人们既观其景，又能呼吸清新的空气，倍感心旷神怡。

在美国和加拿大界河尼亚加拉河中段，有著名的尼亚加拉瀑布。该瀑布呈三面，中间凹陷，形似马蹄。靠近河心的窄面，宽约80米，瀑流飞泻，水霭缥缈，如新娘面纱；两侧面宽分别为300米和800米，巨流从50多米的陡岩直倾而下，犹如万马奔腾，十分雄伟壮观。每临寒冬，水珠飞溅，扑附在附近岩石和树木之上，凝结成冰晶玉柱，银装素裹，堪为天下奇景。

南美洲委内瑞拉的安赫尔瀑布落差979米，是世界上落差最大的瀑布。世界上最宽的瀑布在巴西—阿根廷的伊瓜苏河上。此瀑布被河心岩岛分隔成三组大瀑布群，每组又由多达上百股小瀑布组成。总计数百股飞流竞倾，扑朔迷离，其景致妙不可言。

非洲维多利亚瀑布位于非洲赞比西河中游，尚比亚与辛巴威接壤处。宽1700多米，最高处108米，为世界著名瀑布奇观之一。宽度和高度比尼亚加拉瀑布大一倍。广阔的赞比西河在流抵瀑布之前，舒缓地流动在宽浅的玄武岩河床上，然后突然从约50米的陡崖上跌入深邃的峡谷。主瀑布被河间岩岛分割成数股，浪花溅起达300米，远自65千米之外便可见到。每逢新月升起，水雾中映出光彩夺目的月虹，景色十分迷人。

维多利亚瀑布的形成，是由于一条深邃的岩石断裂谷正好横切赞比西河。断裂谷由1.5亿年以前的地壳运动所引起。维多利亚瀑布最宽处达1 690米。河流跌落处的悬崖对面又是一道悬崖，两者相隔仅75米。两道悬崖之间是狭窄的峡谷，水在这里形成一个名为"沸腾锅"的巨大旋涡，然后顺着72

千米长的峡谷流去。当赞比西河河水充盈时，每秒7 500立方米的水汹涌越过维多利亚瀑布。水量如此之大，且下冲力如此之强，以至引起水花飞溅，远达40千米外均可以看到。

维多利亚瀑布的当地名字是莫西奥图尼亚，可译为"轰轰作响的烟雾"。彩虹经常在飞溅的水花中闪烁，它能上升到305米的高度。离瀑布数千米处，人们仍可看到升入300米高空如云般的水雾。

📝 知识点

月　虹

月虹，是在月光下出现的彩虹，又叫黑夜彩虹、黑虹。由于是由月照所产生的虹，故通常只见于夜晚。且由于月照亮度较小的关系，月虹也通常较为朦胧，且通常出现于月亮反方向的天空。夜间虽然没有太阳，但如果有明亮的月光，大气中又有适当的云雨滴，便可形成月虹。由于月虹的出现需各种天气因素的配合，所以是非常罕见的自然现象。

📚 延伸阅读

巴拿马运河与世界贸易

巴拿马运河管理局负责运河的行政、营运、保护、维修以及巴拿马运河的现代化。巴拿马运河管理局是根据巴拿马宪法修正案成立的巴拿马政府自治机构，1999年12月31日正午从美国巴拿马共同组成的巴拿马运河委员会手中接过运河的管理权。巴拿马运河管理局的一项重要职责是对巴拿马运河集水区的水资源的管理、维持和保护。集水区对运河的运作至关重要，并且还供水给运河航线两端的城市。

巴拿马运河管理局由一个董事会领导。董事会由11名董事组成。董事长具有主管运河事务的部长级地位，由共和国总统遴选任命。董事中，1名由政府的立法部门指派，其余9名由总统征得内阁会议同意后任命。董事的任命须经立法议会绝对多数通过批准。

通过巴拿马运河的交通流量是世界贸易的晴雨表，世界经济繁荣时交通量就会上升，经济不景气时就会下降。1916年通过船只807艘是最低的，1970年交通量上升，通过各类船只高达15 523艘。当年通过运河的货物超过1.346亿吨。其后，每年通过的船只数虽有所减少，但由于船舶平均吨位加大，载运的货物比以往还多。

穿过巴拿马运河的主要贸易航线来往于以下各地之间：美国本土东海岸与夏威夷及东亚；美国东海岸与南美洲西海岸；欧洲与北美洲西海岸；欧洲与南美洲西海岸；北美洲东海岸与大洋洲；美国东、西海岸；以及欧洲与澳大利亚。

在运河的国际交通中，美国东海岸与东亚之间的贸易居于最主要地位。通过运河的主要商品种类是汽车、石油产品、谷物，以及煤和焦炭。

●湖泊水与水库 ————————————————————————

烟波浩渺的湖泊水和奔腾不息的江河水一样，都是与人类生活和生产关系最密切的水体，是世界城市的主要取水源地。

世界湖泊分布极广，为数众多，著名的大湖有欧亚大陆之间的里海，亚洲的贝加尔湖、咸海，欧洲的拉多加湖，非洲的维多利亚湖、坦噶尼喀湖和马拉维湖，北美洲的苏必利尔湖、休伦湖、密执安湖、大熊湖、大奴湖、伊利湖、温尼伯湖、安大略湖，南美洲的马拉开波湖。

里海

里海是世界第一大湖，位于欧亚大陆之间，东、南、西三面的大部分分别被卡拉库姆沙漠、厄尔布鲁斯山脉和大高加索山脉所环绕。其南面是伊朗，北面、西面和东面为俄罗斯、哈萨克斯坦、土库曼斯坦、阿塞拜疆等国，也是一个所属国家最多的国际湖泊。

海洋学家认为，里海是古地中海的一部分，曾和黑海和大西洋相通过，直到中新世晚期，才逐渐变成四周都是陆地的封闭性的水域。它的水是咸的，水中的生物也和海洋中的差不多，因此仍旧可算作海。但是地理学家却认为，里海虽然称"海"，但它四周都是陆地，与海洋不直接相通，从地理角度看应当属于湖泊。

里海南北长约1 200千米，东西宽约为320千米，湖岸线长约7 000千米，平均深度180米，最大水深1 025米，面积37.1万平方千米，比北美五大湖的总面积要多出12万平方千米。

里海的入湖河流有130条，最大的河流是由北部注入的伏尔加河，其年入海径流量为300立方千米以上，占里海总入海径流量的85%。入海径流量的季节变化和年际变化，直接影响里海的盐度和水位。里海的盐度约比大洋水的标准盐度低2/3，一般为12‰～13‰，氯化物含量低，硫酸盐和碳酸盐的含量高。伏尔加河三角洲外围的湖水因入湖河水的淡化，盐度最低只有0.2‰。

里海水位长周期和超长周期的显著变化，是最引人瞩目的现象。研究表明，19世纪初期的里海水位，要比4 000—6 000年前低22米；1930—1957年间，由于在伏尔加河上修建了众多水库，流域工农业用水增加和气候变干等的影响，里海水位又有下降，自20世纪70年代初以来，水位一直保持在海拔–28.5米左右。里海北部的12月到翌年4月，常有结冰现象，冰厚一般为0.5～0.6米，最厚可达1.0米，影响北部地区的航运。

里海流域动植物种类众多，植物有500多种，动物有850种。常见的鱼类有鲟鱼、鲱鱼、河鲈、西鲱等，其中鲟鱼是当地著名的特产。里海湖域油气资源丰富，西岸的巴库和南岸的厄尔布尔士山，都是重要的产油区。

苏必利尔湖

北美洲是个多湖泊的洲，淡水湖之多，面积之大，均居各洲之首。在美国北部与加拿大接壤的五大湖泊，总面积约24.5万平方千米，是世界上最大的淡水湖群。五大湖之间有运河相通，大型海轮可从大西洋经圣劳伦斯河直达五大湖沿岸。

苏必利尔湖是北美五大湖中最西北的一个，为世界最大的淡水湖，位于加拿大和美国之间，其东、北面为加拿大的安大略省，西、南面为美国的明尼苏达、威斯康辛和密执安州。苏必利尔湖的水面面积为8.21万平方千米，平均深度为148.4米，最大深度为405.4米，蓄水量为1.16万立方千米，占五大湖总蓄水量的一半以上。

苏必利尔湖流域面积为127 687平方千米，注入的河流有近200条，最大的河流是尼皮贡河和圣路易斯河，湖水通过圣马丽斯河流入休伦湖。沿湖多林地，季节性的渔猎和旅游是当地娱乐业的主要项目。西岸的加拿大境内开辟有苏必利尔省立公园，园中建有很多游乐设施，还保存有阿加万人的石壁画。

苏必利尔湖中的最大岛屿为罗亚尔岛，长72千米，最宽处达14千米，密布针、阔叶林，野花遍地，野生动物出没其间，有200多种鸟类，已被美国辟为国家公园。

苏必利尔湖流域矿产资源丰富，蕴藏铁、镍、银、铜等多种矿产。苏必利尔湖地处高纬地区，每年封冻期约为4个月，通航期8个月，主要港口有加拿大的桑德县，美国的塔克尼特、图哈伯斯、阿什兰、汉考克、霍顿和马凯特等。

维多利亚湖

维多利亚湖位于非洲肯尼亚、乌干达和坦桑尼亚三国的接壤处，呈不规则的四边形，南北长337千米，最宽处为241千米，平均水深40

维多利亚湖

米，最大水深82米，湖面面积6.84万平方千米，湖岸线长3 200千米，湖面海拔1 134米，流域面积达23.89万平方千米，是非洲第一大淡水湖和世界第二大淡水湖。

维多利亚湖中多岛屿和暗礁，其中最大的岛屿是斯皮克湾北面的凯雷韦岛，岛上长满树木，高出湖面198米；湖的西北角分布有由62个岛屿组成的塞塞群岛，人口稠密，风景优美。

维多利亚湖的南岸岸线曲折，多悬崖陡壁，在花岗岩丘陵间分布着很多小湖湾；北岸亦曲折多岬角；东北岸有一条狭长的水道通往卡韦朗多湾，并延伸64千米到肯尼亚的基苏木。维多利亚湖流域面积广大，入湖河流众多，其中较大者有发源于基伍湖东面，由湖西侧注入的卡格拉河和唐加河。

湖周分布着广阔的平原和沼泽。有数百万人口居住在湖周80千米的范围内，是非洲人口最稠密的地区之一。湖中全年可以通航，湖港有木索马、基苏木等。由于1954年建成了欧文瀑布水坝，维多利亚湖实际上已变成一个大水库。

维多利亚湖周风景独特，生物种类繁多，在湖的东南岸建有塞伦盖蒂国家公园，园内生活着大量野牛、斑马、狮子、豹、大象、犀牛、河马、狒狒和200多种鸟类。

大洋洲的湖泊较少，最大的湖泊是澳大利亚境内的北艾尔湖，面积约8 200平方千米；最深的湖泊是新西兰的蒂阿瑙湖，最深处有276米。

世界上最深的湖是俄罗斯的贝加尔湖，最深处达1 620米。第二深湖是非洲的坦噶尼喀湖，其深度可达1 435米。

世界上海拔最高的大湖是我国西藏的纳木错（藏语意为"天湖"），湖面海拔4 718米，面积为1 940平方千米，是咸水湖。最高的大淡水湖是南美洲的的的喀喀湖，其水面的绝对高度可达3 812米；世界上最低的湖是死海，湖面低于海平面400米，是世界陆地最低点。由于气候炎热，死海蒸发量大，进水量与蒸发量大致相等，湖水含盐度高达25‰，是世界上含盐度最高的咸水湖，几乎是世界大洋水平均盐度的7倍，所以死海水的密度远大于1，即使不会游泳的人，浮在水面上，也可任意飘流，不会下沉；躺在湖里看书，也安然无恙。死海上空艳阳高照，海面上空气清新，含氧量高，其治病功能不亚于温泉。

北欧的芬兰虽说国土不大，只有30多万平方千米，但国内湖泊星罗棋布，大小湖泊有6万多个，约占国土面积的1/6，故被称为"千湖之国"。

另外还有一种特殊的湖泊资源，那就是人工湖泊——水库。

水库除了蓄水的库盆外，主要由拦河坝、溢洪道与输水洞等人工建筑物组成。同时，水库还有水电站厂房、码头等设施。拦河坝起拦截上游来水，抬高水位的作用；溢洪道是水库的太平门，起下泄洪水的作用；输水洞可引水发电，灌溉或排沙，有时用来放空水库或排泄部分洪水。

水库的规模通常用水库的容积来表示。按库容的大小，水库可分为大型、中型、小型和塘坝四类。

水库把陆地变为水体，库区由原来的陆面转化为广阔的水面。由于水体的辐射性质、热容量和导热率都不同于陆地，因此改变了库面与大气间的热交换，使库区附近气温变化趋于和缓。由于库面蒸发的增加，库区附近空气湿度增加，降水量可能增多。

水库对河川径流有调节作用。

首先，水库使其下游河段人工渠流化，运用水库来抬高水位，集中落差，并对入库径流在时程上、地区上按用水部门的需要，重新进行分配。这一过程称为水库的调节作用。

其次，水库可削减洪峰流量，改变水库上下河段的水、沙平衡条件。将丰水期多余的水量蓄存起来，以备枯水期使用。

此外，水库又是地下径流的重要补给来源，使库区及周围地区地下水位抬高，在一定区域内造成土壤的沼泽化或盐渍化，进而引起水生植物、湿生植物或耐盐植物的繁殖。

知识点

古地中海

古地中海又称特提斯海，是南半球的冈瓦纳古陆与北半球的劳亚古陆之间的古海洋。现代地中海是特提斯海的残留海域。

古地中海大体沿阿尔卑斯—喜马拉雅褶皱带分布，自西而东包括今比利牛斯、阿特拉斯、亚平宁、阿尔卑斯、喀尔巴阡、高加索、扎格罗斯、兴都库什、喜马拉雅等巨大山脉，然后转向东南亚，并延伸至苏门答腊和帝汶，与环太平洋海域连通。

古地中海可能在晚元古代就已出现，但范围在不同地史时期有很大变化。二叠纪晚期地球上出现一个南北对峙而又互相连接的泛大陆，古地中海范围缩小。三叠纪以后，西部变窄甚至封闭，东部仍很开阔。白垩纪末期开始，海水退出南欧阿尔卑斯地区和东南亚；渐新世末期至中新世，喜马拉雅地区也上升成陆地。经过喜马拉雅运动，古地中海东段消失。阿尔卑斯运动形成的褶皱隆起，分割了南欧部分的古地中海，形成现在的地中海、黑海和里海。

延伸阅读

五大湖区的经济状况

五大湖早期引起人们兴趣的是因为它提供了进入大陆腹地的便利通道。很快人们认识到该地区浩瀚森林与肥沃土地的价值，于是伐木与农业变得重要起来。沿漫长湖岸或附近地区发现大片煤田和铁、铜、石灰岩及其他矿床。这些丰富的资源再加上充足的水源自然促使五大湖周围发展起了庞大的工业和巨大的都市区。如今人口仍在继续成长，可以预测，特大城市最终会从威斯康辛州的密尔瓦基和芝加哥继续扩展，绕过密西根湖南岸，穿过密西根州到底特律，又沿伊利湖南岸扩展，并会将安大略湖北岸的多伦多—汉米敦地区囊括在内。

五大湖地区工业包罗万象。伊利诺、印第安纳、俄亥俄州和安大略省的大型钢厂和以底特律地区为中心的汽车工业生产的钢和汽车在北美洲占很大比例。但更多工人从事服务业。包括铁矿石、煤和粮食的航运总量大部分供应沿湖各港，但有些货物是透过圣罗伦斯航道运往海外。

商业性捕鱼曾是五大湖一项主要行业，但一些有利可图品种的减少导致渔业的衰退。不过少量商业性捕捞仍在继续，主要是白鲑等品种。重点已转向消遣性垂钓。

五大湖在内容广泛的游乐活动方面有无法估量的价值。汽艇运动和帆船运动已成为备受欢迎的活动，已建成许多小艇停靠站。各湖湖岸有数千米的沙滩。州、省、联邦和县属土地提供数百个野营、野餐和公园地区，促使旅游业繁荣起来。

●我国部分湖泊简介 ──────────────────────

我国天然湖泊众多，在960万平方千米的国土上，面积在1平方千米以上的天然湖泊有2.8万多个。总面积约8.3万平方千米，只相当于世界最大淡水湖——美国与加拿大界湖苏必利亚湖的面积。

在这2.8万个湖泊中，属内流区的约占55%，多为咸水湖。其中青海湖是我国最大的湖泊；西藏的纳木错，湖面海拔4 718米，是世界上面积超过1 000平方千米湖泊中海拔最高的湖泊；东北长白山中、朝界湖——天池，水深373米，是我国最深的湖泊；青海柴达木盆地中的察尔汗盐湖，湖盐的储量世界闻名。我国面积超过1 000平方千米的湖泊有青海湖、兴凯湖（中、俄界湖）、鄱阳湖、洞庭湖、太湖、呼伦池、洪泽湖、纳木错、奇林错、南四湖、艾比湖、博斯腾湖、扎日南木错等。

我国的湖泊主要分布在长江中下游及青藏高原。我国湖泊绝大部分面积不大，湖深都比较浅，所以蓄水量不大。在我国东北有3个比较大的国际湖——中俄界湖兴凯湖、中蒙界湖贝尔湖及中朝界湖长白山天池。长白山天池最深处有373米，为我国最深的湖泊，吐鲁番盆地的艾丁湖湖底高程在海平面以下154米，为我国大陆最低点。

在各种内外力作用下，湖盆会不断地发展变化。由于长期遭受波浪和潮流的冲刷与沉积作用，湖岸逐渐变形，在岩石破碎、风化强烈的陡岸，容易发生滑坡和崩塌。

湖底由深变浅，主要是湖底沉积作用引起的，沉积物的粒径一般从湖岸向湖心由大变小，即由卵石、砂泥变为淤泥。我国湖泊在丰水年沉积量大，枯水年沉积量小，秋夏季节沉积较厚，冬春两季沉积较薄。如洞庭湖在丰水年中的沉积量可达3亿吨以上，而枯水年中的沉积量只有1亿吨左右（相当于每年淤高湖床3.5厘米）。

由于各种物质的不断沉积、水生植物残体的不断堆积，湖底逐渐被堆高，湖水变浅，湖泊逐渐缩小。如1949—1974年间，洞庭湖年平均缩小64平方千米面积。因此，若不采取保护措施，它将面临萎缩甚至消失的危险。

在地壳强烈下陷地区，当湖底的下沉量大于沉积量时，湖泊就会逐渐变深。

当湖泊由浅变深时，湖中的浅水植物就会逐渐演化为深水植物，湖心植物逐渐向沿岸发展。当湖泊由深变浅时，由于泥沙的不断淤积和植物死亡后

青海湖

的堆积，最后湖泊会逐渐转变为沼泽或湖积平原。

在干旱地区的湖泊，由于蒸发旺盛，盐分不断地积累，使淡水湖转化为咸水湖，进而成为盐湖。湖中生物也由淡水种类转化为咸水种类。如湖泊水量继续减少，盐湖可能全部变干，转化为盐沼或平原。

另外，我国是世界上水库数量最多的国家。截至2000年止，全国已兴建大、中、小型水库8.68万多座，总库容4 169亿立方米。其中大型水库328座，中型水库2 333座；小型水库8 422万座；塘坝630多万口。众多的水库、塘坝对我国的生态环境有着巨大影响。

青海湖

青海湖位于青藏高原的东北隅，古称"鲜水"、"西海"，是新构造断陷湖。青海湖目前东西长约106千米；南北最宽处为63千米，1959年湖面高程为3 196.55米，面积4 300平方千米；近年来由于湖水位持续下降，湖面高程降至3 193.7米，水域面积降至4 000平方千米。青海湖的平均水深约17米，最大水深为25.8米，湖水容量约82立方千米，是我国最大的咸水湖。

青海湖四面环山，是一个封闭的内陆湖，南为青海南山，东为日月山，西为阿木尼尼库山，北是大通山脉。青海湖有大小50多条河流注入其中，但多为季节性河流，其中最大的是布哈河，由西北流入；从北部流入的河流有沙柳河、哈尔盖河、乌哈阿兰河；由南部注入的河流有黑马河等。

青海湖水面辽阔，水天一色，水呈青绿色，因而汉族人民称其为"青海湖"，蒙族人民叫它"库库诺尔"，藏族人民则称之为"温布错"，都有"蓝色湖泊"之意。青海湖的湖滨四周是高寒灌丛草原和高寒草甸草原，是良好的牧场。

提起青海湖，人们都会不由自主地想到鸟岛。鸟岛原本是靠近湖西岸的一个小岛，每年都吸引大批来自印度次大陆、马来半岛的候鸟到此栖息和生儿育女，现已建立了鸟类自然保护区，有各种鸟类约10万只。近年来由于气

候变干，湖水位持续下降，鸟岛已和岸边陆地相连变成了半岛。

鄱阳湖

鄱阳湖古称彭蠡泽、彭泽或彭湖，位于江西省北部，湖盆由地壳陷落不断淤积而成，南北长110千米，东西宽50～70千米，北部最狭窄处只有5～15千米，是我国第一大淡水湖。

鄱阳湖平水位时（14～15米）面积为3050平方千米，高水位时（21米）为3583平方千米，最大水深16米，而枯水时面积仅500平方千米，因而有"夏秋一水连天，冬春荒滩无边"之说。

流入鄱阳湖的河流主要有赣江、修水、鄱江、信江、抚江等，湖水经北部湖口注入长江。鄱阳湖对长江洪水有巨大的调节作用，可削减赣江洪峰流量的15%～30%。

鄱阳湖水草丰美，有利于水生生物的繁殖，生活在其中的鱼类有100多种，主要是鲤鱼。湖滨盛产水稻、黄麻，是江西省的主要农业区。在鄱阳湖周围的南昌、都昌等地，建有面积为22833公顷的河蚌保护区，主要保护对象是三角河蚌、褶纹河蚌等。在鄱阳湖区建立的自然保护区，主要保护以白鹤等为主的珍稀候鸟。

洞庭湖

洞庭湖位于湖南省北部的长江南岸，为我国第二大淡水湖。洞庭湖流域辽阔，汇水面积24.7万平方千米，地跨湘、赣、粤、桂、黔、川、鄂七省（区），有湘江、资水、沅江和澧水等四条河流注入，湖水则经北面的城陵矶流入长江。长江大水时可倒灌进洞庭湖，大大减轻了以下两岸地区的洪水压力。

原洞庭湖号称我国第一大湖和第一大淡水湖。据记载，1825年面积约为6000平方千米，新中国成立初期的面积为4500平方千米。后来由于4条河流大量泥沙的带入（每年约1.28亿吨）和淤积，人们不断地围湖造地，湖面急剧缩小，水域面积只剩下2 691平方千米，"八百里洞庭"也被分割成西洞庭湖、南洞庭湖和东洞庭湖，调蓄洪水的能力大为降低。

洞庭湖的水位变动幅度特大，洪、枯水位相差达13.6米之多，因而有"霜落洞庭干"之说。洞庭湖的水产非常丰富，以鱼和湘莲著称，是我国重要的淡水养殖基地之一。

洞庭湖航运便利，湖滨平原盛产稻米、棉花，是我国的重要农业区之一。洞庭湖自然风光秀丽，人文遗存和名胜古迹众多，有岳阳楼、君山、二妃墓和柳毅井等，其中君山已被列入自然保护区。

太湖

太湖古称震泽，位于江苏省的南部，为我国第三大淡水湖，是一个典型的碟形浅水湖泊。太湖原是由长江等河流携带泥沙淤塞海湾而成的潟湖，后经江、浙两省百余条河流输入淡水的冲洗，逐渐演变成淡水湖。

太　湖

太湖正常水位时，湖面高程为3米，水面面积2 250平方千米，蓄水量为2.72立方千米。平均水深1.94米，最深4米。太湖接纳江浙众多河流，经苏州河及黄浦江等水道注入长江入海。太湖流域连接大小200多条河流，维系180多个湖泊，是江南的水网中心。太湖是国内外著名的旅游胜地，也是周围大小城乡的重要水源地，水体的保护十分重要。

太湖流域土地肥沃，气候适宜，盛产茶叶、桑蚕、亚热带水果，是著名的"江南鱼米之乡"和"江南金三角"的腹心地区。太湖有大小岛屿40多个，其中以洞庭西山最大。太湖的东岸与北岩山山水相连，山水风光秀美，著名景点有灵岩山、惠山、鼋头渚等。

呼伦池

呼伦池又称呼伦湖、达赉诺尔、达赉湖等，古代的"山海经"称其为"大泽"，唐代叫俱伦泊，元代叫阔夷海子，清代则称为库不楞湖，位于内蒙古自治区的呼伦贝尔大草原上，是内蒙最大的湖泊。

呼伦池湖长80千米，宽30～40千米，最大面积2 342.5平方千米，湖面海拔545米，平均水深5.7米，最深约10米，流域面积为11 067.5平方千米，蓄水量约为12.3立方千米，湖水水质良好，是一个微咸水内陆湖。湖中盛产鱼类，是内蒙的一个大型湖泊鱼场。

呼伦池在东南面接纳哈拉哈河与乌尔逊河，并通过其下游与贝尔湖相通；在西南面接纳克鲁伦河。在湖的北面原有木得那亚河与海拉尔河相连，1958年为保护扎赉诺尔煤矿将其堵死，另开人工运河与海拉尔河沟通，并修筑闸门以控制水位。

洪泽湖

洪泽湖位于江苏省洪泽县的西部，是我国的第四大淡水湖。洪泽湖地区古时原本是海湾，后来由于河流三角洲的发育而成为内陆湖，并在浅盆地上发育成湖荡群，其中一个较大的湖荡叫破釜塘，隋朝改为洪泽浦，唐时始名洪泽湖。

洪泽湖平时湖面积为2 069平方千米，平均水深只有2米，最深不过5.5米；而大水水位在15.5米时，湖的面积可扩大到3 500平方千米。现在洪泽湖的年平均进出水量达50立方千米，主要是淮河来水。洪泽湖所在的淮河流域，历史上是个水患频发地区，现经过治理，加固了湖周的大堤，防洪标准提高到水位16米，不仅解决了水患威胁，也使洪泽湖具有了灌溉、航运和渔业之利。

知识点

断陷湖

构造湖的一个类型，断层陷落形成的湖盆积水而成。它的特征是湖泊平面形态比较简单，断陷湖（昆明滇池）常呈狭长状，湖岸线较平直，岸坡陡峻，深度较大，分布有一定规律性。如我国云南的滇池、洱海，四川的邛海，内蒙古的呼伦池以及青海省的青海湖等；世界著名的东非大裂谷中的湖群（坦噶尼喀湖等）都是典型的断陷湖。云南昆明滇池断陷湖，为中生代末期形成的走向南北的西山大断层，下降侧积水成湖。

延伸阅读

青海湖鸟岛

青海湖西北角，共和县与刚察县交界处，有一个小镇叫鸟岛镇。该镇地处布哈河三角洲，临青海湖的地方，有两座大小不一，形状各异的岛屿，一东一西，左右对峙，傍依在湖边。这两座美丽的小岛，就是举世闻名的鸟岛。

鸟岛是亚洲特有的鸟禽繁殖所，是我国八大鸟类保护区之首，堪称"鸟的王国"。

鸟岛共两座，西边的小岛叫做海西山，又叫小西山，又因这里是候鸟集中

产蛋的地方，因而也叫蛋岛；东边的大岛叫海西皮，也叫鸬鹚岛。

蛋岛东头大，西头窄长，形似蝌蚪，全长1500米。该岛原来只有0.11平方千米，现在随着湖水下降有所扩大。1978年以后北、西、南三面湖底外露与陆地连在一起，岛顶高出湖面7.6米。据说，每年3—4月，从我国南方和东南亚等地迁徙来的雁、鸭、鹤、鸥等候鸟陆续到这里开始营巢；5—6月间，岛上鸟蛋遍地，幼鸟成群，热闹非凡，声扬数里。此时岛上有30余种鸟，数量达16.5万多只；7—8月间，秋高气爽，群鸟翱翔蓝天，游弋湖面；9月底开始南迁。

鸬鹚岛，东高西低，状如跳板，面积比海西山大4倍多，约4.6平方千米。岛上地势较为平坦，生长着茂密的豆科禾、野葱等植物。

现在岛上建有栈道，这条长约1.5千米的栈道名叫青海湖自然生态科普长廊，以图文并茂的形式向游人介绍青海湖的自然资源和生态环境。漫游其上，既可远眺蔚蓝的青海湖，还能近距离观赏正在学飞的雏鸟。

鸬鹚岛的东部，悬崖峭立，濒临湖面。岛前有一巨石突兀嶙峋，矗立湖中。四周波光岚影，颇为壮观。

鸬鹚岛是鸬鹚的王国，栖息的鸬鹚数以万计，它们在岩崖上筑满大大小小

鸬鹚岛

的窝巢。尤其是岛前的那块巨石之上，鸬鹚窝一个连一个，俨然像一座鸟儿的城堡。

鸬鹚岛正对青海湖中的海心山，在岛的东南部建有码头，乘快艇可达海心山，也可在湖上畅游一番。

●沼泽水 ————————————————————————

沼泽是地表多年积水或土壤层水分过饱和的地段。我国各地群众习惯用湿地、草滩地、苇塘地、甸子等来称呼沼泽。沼泽地区一般地势低平，排水不良，蒸发量小于降水量。

沼泽具有三个基本特征：

1.地表经常过湿或有薄层积水；

2.生长沼生或湿生植物；

3.有泥炭积累或有草根层和腐殖层，均有明显的潜育层。

全球沼泽面积约为112万平方千米，占陆地面积的0.8％。主要分布于北半球的寒冷地区，其中以加拿大北部、欧亚大陆北部最为集中。

我国沼泽总面积约有11万平方千米，占国土面积的1.15％。主要分布在以下三个地区：

1.沿海地区：主要指长江口以北的沿海新淤滩地，一般分布于高潮线以下地区。在浙江和台湾西部沿海也有零星沼泽分布。

2.河流泛滥地区：为东北三江（黑龙江、松花江、乌苏里江）平原、嫩江和松花江汇合处以及新辽河北岸等地区。

3.高原、高山地区：为青藏高原、大小兴安岭等地区。由于冬季地面积雪。次年春、夏季表层冰雪融化，下面仍为不透水的冻土层，故地面常积水，杂草和苔藓等植物丛生，形成沼泽。

沼泽的形成是各种自然因素综合作用的结果。地表水分过多是形成沼泽的直接因素，地势低平、排水不畅、渗透困难等，是造成地表水分积聚的主要因素。因而，气候湿润的地区最有利于沼泽的形成和发育。沼泽的形成，可分为水体沼泽化和陆地沼泽化两大类。

水体沼泽化是指江、河、湖、海边缘或浅水部分由于泥沙沉积，水草丛生，逐渐演变成沼泽。

水体沼泽化中常见的是湖泊沼泽化，以浅湖沼泽化为最多。浅水湖泊湖岸倾斜平缓，有利于水草丛生。水生植物或湿生植物不断生长与死亡，沉入湖底的植物残体在缺氧的条件下，未经充分分解便堆积于湖底，变成泥炭，再加上泥沙的淤积，使湖面逐渐缩小、水深变浅，水生植物和湿生植物不断地从湖岸向湖心蔓延，最后整个湖泊就变成了沼泽。

在深水湖泊的背风岸水面上常长满了许多长根茎的漂浮植物，它们的根茎相互交织成网，成为漂浮植物毡，"浮毡"可与湖岸相连。由风或水流带入湖中的植物种子便在浮毡上生长起来。以后由于植物的不断生长与死亡，植物残体不断累积在浮毡上，形成泥炭。

当浮毡发展到一定厚度时，其下部的植物残体在重力作用下，逐渐脱落沉入湖底形成下部泥炭层。随着时间的推移，上、下部泥炭层不断扩大、加厚，湖底渐渐淤高，使浮毡与湖底泥炭层之间的距离逐渐缩小，直至两者完全相连，深水湖泊就全部转化为沼泽。

河流沼泽化常发生在水浅、流速小的河段，其形成过程同浅湖沼泽化相似。

陆地沼泽化主要有森林沼泽化和草甸沼泽化两种。在寒带和寒温带森林地区，因森林阻挡了阳光和风，减少了地面水分蒸发，枯枝落叶层覆盖地面，拦蓄部分地面径流。如遇林下土质黏重、排水不良的情况，就会使土壤过湿，引起森林退化，而适合这种环境的草类、藓类植物大量繁殖生长，森林逐渐演变成沼泽。采伐森林和火灾可使土壤表层变得坚实，减少了水分蒸腾，使土壤表层过湿，为沼泽植物的生长发育创造了条件。

草甸沼泽化一般发生在地面积水或土壤过湿的低平地区。由于土壤孔隙被水和死亡的草甸植物残体充填，造成土壤通气状况不良。有机质在嫌气环境下分解缓慢而转化为泥炭，进一步增强了蓄水能力，使地表更加湿润，湿生植物逐渐侵入，于是草甸逐步转化为沼泽。

沼泽体具有不同于地表水和地下水的独特的水文特征。主要表现在沼泽的含水性、透水性、蒸发及径流等特征和动态变化方面。

沼泽的含水性是指沼泽中的草根层或泥炭层的含水性质。水在草根层和泥炭层以重力水、毛管水、薄膜水、结合水等形式存在。

重力水可沿斜坡流入排水沟或其他排泄区；毛管水、薄膜水和结合水都受分子力作用，不会从草根层和泥炭层中自行流出，部分被植物根系吸收，部分由沼泽表面直接蒸发，剩余部分只有采取特殊手段才能除掉。

沼泽中草根层的结构呈海绵状，持水能力大。泥炭层也含有大量水分，按重量比计算，泥炭沼泽含水量一般为89%～94%。可以说沼泽是一个无形的"蓄水库"。

水分在沼泽表层渗透很快，到下层渗透很慢，可用渗透系数（K）表示，K值的大小受草根层和泥炭层结构类型的制约，渗透系数随潜水面的升高而迅速增大。水分在沼泽表层渗透很快，渗透系数可达每秒数十厘米，1米深处的渗透系数往往不到每秒1/1 000厘米。

沼泽中的泥炭层毛管发育良好，可以使数米深的地下水上升至地表，且泥炭层吸热能力强，所以沼泽的蒸发比较强烈，蒸发量接近、甚至大于自由水面。当

沼 泽

沼泽表面积小，土壤过湿或潜水位较高时，沼泽的蒸发量较大；反之，当沼泽的潜水位较低，毛管水不能上升到沼泽表面时，蒸发量则急剧减少。如植物覆盖度大、生长繁茂，则强烈的植物蒸腾将消耗大量水分。据计算，在沼泽的水分支出中，蒸发消耗的水量约占75%，说明蒸发在沼泽水分动态变化中起重要作用。

沼泽径流是指由沼泽体向河、湖汇集的水流。沼泽径流可分为沼泽表面的漫流和产生于草根层或泥炭层中的壤中流（侧向渗流）。沼泽一般排水不畅，加以植物丛生，故沼泽水运动十分缓慢。据计算，泥炭层最上部水的流速每天只有2～3米。

沼泽的径流量也很小，一般为蒸发量的1/3。在降水集中的季节，地表径流较多，径流量较大。沼泽径流量随潜水面埋深的增大而减小。

沼泽及沼泽化地是重要的荒地资源，发展农业生产的潜力很大。沼泽地的土壤，潜在肥力较高，蕴藏着丰富的泥炭资源。

据初步估计，我国东北的泥炭储量约152亿吨。氮、磷、钾、钙等含量较丰富。解放以来，各地群众和研究部门把泥炭直接或间接地作为肥料使用，对于改良土壤，提高肥力，增加农作物产量均取得了显著的效果。近年来，利用泥炭制作腐殖酸类肥料，取得了良好的增产效果。

沼泽地水深大多为10～50厘米，如能采取排水等措施，可变为良好的耕地、牧场和宜林地。如东北三江平原，过去是渺无人烟的"北大荒"，现在是著名的"北大仓"。古时湖沼相连，水草丛生的杭嘉湖平原和江汉平原现已成为鱼米之乡。

此外，沼泽中的沼泽植物（纤维植物数量较多）和泥炭在工业、医药卫生部门也有广泛的用途。

积水很少，草本植物生长茂盛的沼泽地区，可辟为牧场或割草地，进一步排干积水，增加蒸发量，降低潜水位，增加土壤孔隙的通气性，改良土壤结构。在积水深、排水困难的芦苇沼泽，应进一步加强管理，提高芦苇产量，为造纸工业建立原料基地。在地势低洼的沼泽地区，可用高地排出的积水，建立池塘网。发展养殖业。

沼泽水体的有机酸及铁锰含量较高。因此，要增加沼泽地区的水文循环，注意冲洗改良水质。

我国对林地沼泽的利用和更新取得了进展，主要措施是大垄式排水、削平草丘、块状整地筑台、分区排水、大力培育落叶松等，增加生物排水作用，而制止沼泽的发展。

知识点

泥　炭

泥炭又称为草炭或泥煤，是煤化程度最低的煤，是煤最原始的状态。随着周围环境的转变，如压力的加大，可以使泥炭变得更加坚固，使之成为无烟炭。泥炭按不同分解程度的、松软的植物残体堆积物，其有机质含量占30%以上。

泥炭是煤的前身，也是腐殖煤系列的第一个成员，有的也称泥煤或草炭，是在泥炭沼泽中堆积的。泥炭形成以后，在上覆沉积物的压力及进一步菌解条件下，经过压紧和脱水变为褐煤。当褐煤继续受到地下温度和压力作用时，经煤化作用形成烟煤、无烟煤。

延伸阅读

沼泽的世界分布

沼泽在世界上的分布，北半球多于南半球，而且多分布在北半球的欧亚大陆和北美洲的亚北极带、寒带和温带地区。南半球沼泽面积小，主要分布在热带和部分温带地区。

欧亚大陆沼泽分布有明显的规律性，因受气候的影响，在温凉湿润的泰加林地带沼泽类型多，面积大；第四纪冰川分布区，沼泽分布尤为广泛，而且以贫养沼泽为主，泥炭藓形成高大藓丘。泰加林带向北向南，沼泽类型减少，多为富养沼泽，泥炭层薄。

泰加林带以北的森林冻原和冻原，气候寒冷，为连续永久冻土区。冻原的地表因被冻裂、变形而分割为多边形沼泽。冻原的南半部和森林冻原的北半部有平丘状沼泽。在森林冻原带的南半部有高丘状沼泽，丘的高度可达数米。冻原带的沼泽面积较大，但泥炭层薄不足0.5米，多为苔草沼泽。

泰加林带以南的森林草原和草原地带，气候较干，没有隆起的贫养泥炭藓沼泽，有富养苔草沼泽、芦苇沼泽和小面积桤木沼泽。

北美洲寒温带的针叶林带，也有贫养沼泽，自纽约以北至加拿大纽芬兰的南部向西呈楔形延伸到五大湖以西明尼苏打州。森林带以北的冻原带，有冻结的"丘状沼泽"和"多边形沼泽"。针叶林带以南只有富养沼泽。

墨西哥湾和大西洋海滨平原以及密西西比河冲积平原上分布有富养的森林沼泽和高草沼泽。美国弗吉尼亚州东南部至佛罗里达有较多的滨海沼泽，其间北卡罗来纳州东北部到维尔日尼沿海平原上有著名的迪斯默尔沼泽，其中森林茂密，由第三纪残遗植物落羽松组成，泥炭层薄或不明显。在太平洋沿岸，山脉阻挡了潮湿海风，沼泽呈狭带状分布在沿海。从温哥华到阿拉斯加南部有贫养沼泽。阿拉斯加以北，主要是莎草科的　草和棉花莎草组成的沼泽。北美中部草原地带，气温干旱，沼泽分布极少。

热带地区，如印度尼西亚、文莱、沙捞越、马来西亚半岛、东新几内亚、印度、圭亚那、刚果河和亚马孙河流域、菲律宾等地也有相当数量的沼泽分布。有的沼泽中泥炭层也较厚，如在沙捞越和文莱由龙脑香科微白婆罗双为优势种组成的森林沼泽。泥炭可达15米，而且沼泽地表层呈穹状突起。

南半球陆地面积小，除热带地区沼泽外，仅在火地岛和新西兰、智利以及安第斯山有沼泽。

我国幅员辽阔，自然条件复杂，沼泽类型众多，分布广泛。我国东半部气候温暖湿润，沼泽面积较大，类型多；西半部气候干旱，青藏高原气候高寒，因此，沼泽类型少，只有富养沼泽。

●地下水 ----------------------------------

岩性和构造是地下水形成的重要条件。岩石的空隙是地下水蓄存和运动的场所。在一定条件下，松散的砂砾层和裂隙发育的坚硬岩层中可积蓄大量水分，形成良好的含水层。结构致密、完整少缝的岩层（如黏土层、泥页岩等）常构成隔水层，使地下水不致向下流失。因此，上部为含水层，下部为隔水层的构造是寻找地下水的重要条件。

含水层的富水程度还受地质构造的控制。例如岩石受挤压而破碎，裂隙增多，在断裂破碎带附近，常可形成良好的含水层。

在自然地理条件中，气候、水文和地形因素对地下水的影响最为显著。

浅层地下水常受到当地气候的影响。在干旱地区，由于大气降水的渗入量很少，使地下水的盐度增加，成为高矿化度的地下水。在湿润地区，表层地下水接受大量大气降水和地表水的渗入，水量丰富，矿化度较低。在寒冷地区，地下水处于多年冻结状态，很少变动。

在沿海平原地区，由于受到海水的影响，地下水的含盐量较高。在山前平原、山麓冲积扇、洪积扇地区，地下水量较丰富。

地表水与地下水的形成有密切的关系，两者常互相联系和补充。如有的河流在雨季高水位时，河水补给地下水；而在干季低水位时，河水又得到地下水的补给。

人类经济活动对地下水的性质、储量和水位等有着重要影响。如工业废水对地下水的污染使水质恶化；修筑水库或进行灌溉，可增加对地下水的补给量，促使地下水位上升，大规模开采地下水，会使地下水位在大范围内逐年下降。例如，上海市由于对地下水的开采量逐年增多，曾发生区域性的地面沉降。近年来，采取向开采层回灌地面水的措施来控制地面沉降，这种方法也同时改变了地下水的温度和水质。

岩石的空隙虽然为地下水提供了储存的空间，但是水能否自由进出这些空间却与控制水活动的岩石性质有关。这些与地下水的贮存、运移有关的岩石性质称为岩石的水理性质。它主要包括容水性、持水性、给水性、透水性、毛管性等。

容水性

岩石容水性是指在常温常压条件下，岩石所具有的容纳外来液态水的性能。岩石的空隙以及孔隙之间相互连通（包括与外界的连通），易于排气，是岩石具有容水性的前提。岩石中所能容纳的水体积与岩石体积之比，称为岩石的容水度，以小数或百分数来表示。它表示岩石容水性的大小。当岩石的空隙完全被水所充满时，水的体积即等于岩石空隙的体积，所以，容水度往往小于空隙度。

持水性

岩石的持水性是指在重力作用下，岩石依靠分子力和毛管力，在岩石空

岩　石

隙中能保持一定量的液态水的性能。岩石的持水性大小用持水度来表示。持水度是指受重力排水后，岩石空隙中保持的最大水量与岩石总体积之比。岩石的颗粒大小对持水度影响很大，黏土、淤泥等持水度较高，粗砂、砾石的持水度很小。

给水性

岩石给水性是指饱和含水的岩石在重力作用下，能自由流出（排出）一定量的水的性能。岩石的给水性能用给水度来衡量。给水度是指在常温常压下，从饱和含水岩石中流出的水的体积与饱水岩石总体积之比。颗粒较粗的岩石给水度较大，细粒岩石给水度则较小。

岩石的给水性与持水性存在密切联系。一般来说，岩石的孔隙愈大或溶隙愈宽，给水性能愈好，持水性能则愈差。

给水度在数值上等于容水度与持水度之差。粗粒松散的岩石以及具有张开裂隙的岩石持水度很小，给水度接近于容水度。黏土和具有闭合裂隙的岩石持水度接近于容水度，给水度很小。

透水性

岩石的透水性是指岩石本身允许水透过的性能。对岩石透水性起主导作用的是空隙的大小和连通程度以及空隙的多少。如果岩石的空隙大，水流所受阻力小，易于流动，就说明岩石的透水性好。卵石、粗砂以及裂隙、溶隙发育良好的块状岩石透水性最好，为透水层。黏土、页岩以及致密的块状岩石透水性最差，为隔水层。

毛管性

在松散岩石中存在着毛管孔隙，具有孔隙毛管作用的性质。由毛管力作用支持的水称为毛管水。这种水在自然条件下不能靠重力作用流出来。岩石中毛管作用的大小与毛管半径成反比。同时，还与温度、矿化度等因素有关。

大气降水是地下水的主要补给来源。大气降水到达地面以后，在分子力作用下，水被吸附在土壤颗粒表面，形成薄膜水。当薄膜厚度达到最大值后，水就脱离分子力的束缚而下渗，被吸入细小的毛管孔隙，形成悬挂毛管水。当包气带中的结合水及悬挂毛管水达到饱和时，土壤吸收降水的能力便显著下降。如果降水继续进行，在重力作用下，降水不断地下渗，就能补给地下水。

地表江河湖海等水体的下渗也是地下水的重要补给来源。这种入渗补给取决于地表水体的水位与地下水位的关系。山区河流下切较深，河水水位常低于地下水位，河流起排泄地下水的作用。

河流下游或冲积平原地区，由于河流的堆积作用加强，河床位置较高，河水常补给地下水；特别在汛期水位上涨时，河水补给地下水的现象就更加显著。我国黄河下游河床高于地面，是有名的"地上河"，在该河段内，黄河水大量补给地下水，使河水量大减。当大气中的水汽压力大于土层中的水汽压力时，大气中的水汽就向土层中运移，直到两者的水汽压力相等。此时在土层中就形成凝结水。在沙漠和高山等昼夜温差大的地方，这种水汽凝结补给是地下水的主要来源之一。

此外，人类的经济活动，如修建水库、灌溉农田，城市、工矿生产和生活废水的排放等，也是地下水补给来源。为了更有效地保护和利用地下水资源，很多国家和地区采用人工回灌来补给地下水。

泉是地下水的点状排泄形式。在山区，由于河流的下切侵蚀强烈，基岩蓄水构造类型复杂，泉水的出露较多。山东济南市是有名的"泉城"，在市区2.6平方千米范围内，分布有108眼泉，总流量每小时达8 333立方米，成为市区的供水水源。

地下水通过地下途径直接排入河道或其他地表水体，是地下水的线状排泄方式，称为泄流。泄流只能在地下水位高于地表水位时出现。

当地下水埋藏较浅时，毛管顶部可以达到地面，通过地表土壤蒸发和植物蒸腾排泄，称为面状排泄。

📎 知识点

人工回灌

人工回灌是用人工方法通过水井、砂石坑、古河道等，或利用钻井修建补水工程，让地下水自然下渗或将地表水注入地下含水层。人工回灌可以保护地下水资源，防治地面沉降。在海岸带还可用以防止海水侵入含水层。

人工回灌还可以重新利用已经使用过的冷却水等。现今通常使用的是井回灌，但是无论从经济角度还是技术角度来说都要求很高，而且回报率小。回灌时必须注意回灌水的水质，防止地下水污染。

📚 延伸阅读

我国五大名泉

1. 镇江中冷泉：又名南零水，早在唐代就已天下闻名。

中冷泉号称"天下第一泉"，位于江苏镇江金山西侧的塔影湖畔，原系江心激流中的清泉。用此泉沏茶，醇香甘洌。唐代刘伯刍喜品名泉，并将适宜煮茶的泉水分为七等，中冷泉水被评为第一。由此中冷泉声名远扬，千百年来人们尊称它为第一泉而不改。

金山原位于镇江市区西北扬子江的江心，被誉为"江心一朵芙蓉"。据传，唐代法海禅师在此开山得金，遂名金山。"白娘子水漫金山"的神话传说也源出于此。清道光年间，金山与长江南岸相连，中冷泉也和

趵突泉

陆地相接。泉南镌刻的"天下第一泉"五字，为清代书法家王仁堪的手迹。此址历来是品茗、游览的胜地。

2. 无锡惠山泉：号称"天下第二泉"。此泉于唐代大历十四年开凿，迄今已有1 200余年历史。张又新《煎茶水记》中说："水分七等……惠山泉为第二。"元代大书法家赵孟頫和清代吏部员外郎王澍分别书有"天下第二泉"，刻石于泉畔，字迹苍劲有力，至今保存完整。这就是"天下第二泉"的由来。

惠山泉分上、中、下三池。上池呈八角形，水色透明，甘醇可口，水质最佳；中池为方形，水质次之；下池最大，系长方形，水质又次之。历代王公贵族和文人雅士都把惠山泉视为珍品。相传唐代宰相李德裕嗜饮惠山泉水，常令地方官吏用坛封装泉水，从镇江运到长安（今陕西西安），全程数千里。当时诗人皮日休，借杨贵妃驿递南方荔枝的故事，作了一首讽刺诗："丞相长思煮茗时，郡侯催发只忧迟。吴园去国三千里，莫笑杨妃爱荔枝。"

3. 苏州观音泉：为苏州虎丘胜景之一。张又新在《煎茶水记》中将苏州虎丘寺石水（即观音泉）列为第三泉。该泉甘洌，水清味美。

4. 杭州虎跑泉：相传，唐元和年间，有个名叫"性空"的和尚游方到虎跑，

观音泉

见此处环境优美，风景秀丽，便想建座寺院，但无水源，一筹莫展。夜里梦见神仙相告："南岳衡山有童子泉，当夜遣二虎迁来。"第二天，果然跑来两只老虎，刨地作穴，泉水遂涌，水味甘醇，虎跑泉因而得名，名列全国第四。

其实，同其他名泉一样，虎跑泉也有其地质学依据。虎跑泉的北面是林木茂密的群山，地下是石英砂岩，天长地久，岩石经风化作用，产生许多裂缝，地下水通过砂岩的过滤，慢慢从裂缝中涌出。这才是虎跑泉的真正来源。据分析，该泉水可溶性矿物质较少，总硬度低，每升水中只有0.02毫克的钙镁离子，故水质极好。

5. 济南趵突泉：为当地七十二泉之首，列为全国第五泉。趵突泉位于济南旧城西南角，泉的西南侧有一建筑精美的"观澜亭"。宋代诗人曾经写诗称赞："一派遥从玉水分，暗来都洒历山尘，滋荣冬茹温常早，润泽春茶味至真。"

●大气水

地球上的水，除了主要集中在海洋和陆地外，大气中也有水。

我们知道，在地壳表面外包围着一层厚厚的大气——称为大气圈，它是地球的外部圈层。大气层好像地球的"外衣"，保护着地球的"体温"，使其变化不至于过于剧烈；同时它为地球上重要的水循环起到关键的运载作用，并保护着地球上的水不至于跑到宇宙空间而导致地球变成一个无水的"干球"。

大气水主要来自地面及地表水体——江河、湖泊、海洋等的蒸发、植物的蒸腾以及冰川雪盖的冰雪升华而进入大气之中。空气流动，大气水也随之飘移，同时，流动的空气也会将与之接触的水体表面的水分带到大气之中。

自地球表面向上，大气层可以延伸到数千里的高空。根据大气的温度和密度等物理性质在垂直方向上的差异，可将大气自下而上分为5层：对流层、平流层、中间层、暖层（电离层）和散逸层。大气水（汽）几乎都集中在紧贴地面的厚度不过十几千米的对流层中，在对流层最下面接近地球表面的5

千米高度（或说厚度）内就集中了90%的大气水（汽）。到平流层，大气水（汽）含量就极少，再向上的中间层、暖层（电离层）和散逸层大气水就基本不存在了。

大气水在水平方向上的分布差异也很大。海洋上空及沿海陆地上空总是聚集了较多的大气水；而干旱的陆地，特别是广袤的沙漠上空，一般总是艳阳高照，大气水含量甚微，因此，这些地区的大气也就十分干燥。

大气水不仅在空间上分布不均，就是在同一个地区的不同时期，其差异也是很大的，在多雨的季节，大气中的水（汽）就比久旱无雨时期多得多。

大气中的水量（大气水）与其他水体相比，不算多，并且在时空上的分布差异很大，但就整个地球大气而言，其含量还是比较稳定的。经测算，整个地球大气水约占地球大气层总质量的0.2%，约为1.29万立方千米，仅占地球总储水量的十万分之一；作为淡水的大气水，也只占地球上淡水总储量的万分之一。但是大气水却比地球上所有的江河、湖泊和沼泽水都多，是地球上生物水的10倍。

大气水是各种水体中最活跃的水体之一，它的更换周期只有8天，一年可更新44次，这样一年累计在大气中的水量就有5.707万立方千米，也就是全球年降水总量。

大气水对于地球上的有机体，特别是陆地上生命的生存是至关重要的。

前文我们已经说过，海洋和陆地上的水受热蒸发，进入大气，大气中的水（汽）遇冷凝结，以雨雪等形式降落下来，形成降水，从而实现了海洋与陆地之间的水文大循环和海洋与海洋上空、陆地与陆地上空之间的水文小循环。在这循环过程中，大气水是以气态或以尘埃为核凝结成小水珠，随大气垂直和水平运动，形成降水。

可见，大气水是地球上水循环（无论是大循环还是小循环）得以实现的重要环节。没有大气水，就没有丰富多彩的云、雾、雨、雪、雹等天气现象，也就不会有惊雷和闪电，陆地上的动植物也就不会存在，因为无论哪种生物都难以生存于无比干燥的大气之中。

大气水不仅是地球上大小水文循环得以实现的重要环节，同时由于水的比热容很大，使大气水具有很大的热容，

再加上水又有更大的熔解热和汽化热，这就使水在同样条件下，其温度的变化远不像其他物质那样显著，所以大气水在保护地球"体温"，使其温度变化不至于过分剧烈当中起着重要作用，扮演着重要角色。

我们都知道，水是无色透明的，所以地面上的水蒸发一般是看不见的，不过在辽阔的原野，当骄阳似火时，对着强光的一面，仔细观察，可以看到蒸腾的水蒸气青云直上，这是因为水蒸气是由许多水分子碰撞组合而成的极微小水珠。水与空气相比是光密物质，阳光穿过这些小水珠和空气时，由于速度不同就产生折射的缘故。

我们通常用潮湿和干燥来描述大气中含水（汽）的多少，这是凭借人们感官来判断的。在物理上，是用"湿度"来表示大气中的干湿程度。表示空气湿度有多种表示方式，用空气里所含水蒸气的密度可以表示相对湿度和绝对湿度。

直接测定空气中水蒸气的密度是比较困难的，但是，由于水蒸气的密度越大，它的压强也越大，因此，就可以用空气里水蒸气的压强来表示空气的干湿程度。空气里所含水蒸气的压强称作空气的绝对湿度。

人类生活于大气之中。不同地区的空气干湿程度往往有很大差异，人们由于长期在某地生活，就会比较适应本地区空气的干湿状况。例如，生活在沿海或比较潮湿地区的人们，如果到空气比较干燥的地区，就会感到口干舌燥，甚至鼻孔出血；同样，长期生活在空气比较干燥地区的人们，到沿海或潮湿地区也会感到湿闷不适。

空气的干湿程度不仅对人的感觉有直接影响，并且对工农业生产也有很大影响。空气太干燥，农作物容易枯萎，土壤也容易龟裂，纺纱厂里的棉纱易脆而断头；空气太潮湿，收获的庄稼不易晒干，甚至发霉，纺纱厂里的棉

纱也会发霉。

但是许多跟湿度有关的现象，例如，蒸发的快慢、动物的感觉等，不是与大气里所含水蒸气的多少有关，而是与大气里水蒸气离饱和状态远近有直接关系。

水的饱和气压是随着气温的升高而增大。在空气的绝对湿度相同的情况下，气温高时，水蒸气离饱和状态就远，蒸发就快，人们就会感觉气候干燥；相反，气温降低，水蒸气离饱和状态就近，蒸发就慢，人们就会感觉气候潮湿。因此，在研究空气湿度时，只用绝对湿度是不够的，还要引进相对湿度的概念来表示空气中的水蒸气离饱和状态的远近。

相对湿度是某温度时空气的绝对湿度与同一温度下水的饱和气压的百分比。

我们常用干湿球温度表（也叫干湿泡温度计）来测定大气的绝对湿度和相对湿度。这种方法是用一对并列温度计，其中一支是测定气温用的，称"干球温度表"；另一支的球部裹以湿纱布，称为"湿球温度表"。如果空气未饱和，则由于纱布上水分蒸发吸热，湿球温度表的读数就低于干球。这样就可以根据干、湿球温度表的读数，用气象专用图表求出空气的绝对湿度和相对湿度。

总之，适宜的湿度，使人们倍感舒服；相反，湿度过高或过低，会使人们感到压抑、窒息、狂躁不安，甚至严重影响身体健康而无法长期生存。动植物也是一样。在漫长的自然选择、生存竞争之中，不同的动植物都适应一定的湿度范围，而且绝大多数的动植物对湿度的要求，比看起来十分娇贵的人类显得更加娇贵。

在理解了前面所说的未饱和汽和未饱和状态，饱和汽和饱和状态之后，对云、雾、雨、雪、雹的成因就不难理解了。

如果空气中的水汽未达到饱和状态，蒸发就继续进行，天空将是万里无云。但是通常从地面算起，每上升100米，大气温度就平均下降0.6℃，那么距地面1000米，大气温度就降低6℃，在几千米的高空，气温就下降得更多。在接近地面的大气中的水汽尚处于未饱和状态，当升到几千米高空，由于饱和气压随温度的降低而降低，大气中的水蒸气就变成饱和状态，这时大气中的水蒸气（遇冷）就凝聚成微小的水点成团飘浮在高空之中，就形成云，天空就不再是晴空万里，而变为天高云淡。

当大气中的水蒸气越来越饱和，云量越聚越多的时候，大气中的水汽以大气中的尘埃为核，凝结成更大的水滴，由于重力的原因不能悬浮在空中时，就下降成雨；当空中的水蒸气冷至0℃以下，凝结成白色结晶体（多为六角形），飘落而下，就是雪。

雹又叫冰雹，在发展很盛的积雨云中，由于气流强烈上升，虽然温度在0℃以下，但尚未冻结的小水滴碰撞已冻结成的冰晶，结成小冰球（小雹），虽然在重力作用下小冰球会下降，但遇到较强的上升气流又随之上升，这样反复升降，冰球就越来越大，最终降落到地面称为雹（冰雹）。降雹虽说时间一般不长，但破坏力很大。在我国降雹多发生在北方的夏季和春秋季。雾是当气温下降时，空气中所含的水蒸气达到饱和，凝结成小水点，飘浮到地面。这往往与特殊的天气（气压、降温）及地形特点有关。

其实，雾也就是飘浮在地面上的云。当你处在被云笼罩的高山时，就会置身于雾霭之中。像我国著名的庐山，常被云所笼罩，在庐山之上，总是被浓雾包围，能见度很低。

城市有比较多的雾，这是由于城市的空气中有比较多的尘埃成为大气水的凝结核，使

雾

大气中的水蒸气容易凝结成小水滴，飘浮在地面形成雾的缘故。

知识点

湿　度

　　湿度，表示大气干燥程度的物理量。在一定的温度下在一定体积的空气里含有的水汽越少，则空气越干燥；水汽越多，则空气越潮湿。空气的干湿程度叫做"湿度"。在此意义下，常用绝对湿度、相对湿度、比较湿度、混合比、饱和差以及露点等物理量来表示；若表示在湿蒸汽中液态水分的重量占蒸汽总重量的百分比，则称之为蒸汽的湿度。

延伸阅读

对流层常识

　　对流层是接近地球表面的一层大气层，空气的移动是以上升气流和下降气流为主的对流运动，叫做"对流层"。平均厚度约为12千米，它的厚度不一，其厚度在地球两极上空为8千米，在赤道上空为17千米，是大气中最稠密的一层，总质量占大气层的3/4还要多。大气中的水汽几乎都集中于此，是展示风云变幻的"大舞台"：刮风、下雨、降雪等天气现象都是发生在对流层内。对流层最显著的特点是有强烈的对流运动。

　　该层有如下特点：

　　1.温度随高度的增加而降低：这是因为该层不能直接吸收太阳的短波辐射，但能吸收地面反射的长波辐射而从下垫面加热大气。因而靠近地面的空气受热多，远离地面的空气受热少。

　　2.空气对流：因为岩石圈与水圈的表面被太阳晒热，而热辐射将下层空气烤热，冷热空气发生垂直对流，又由于地面有海陆之分、昼夜之别以及纬度高低之差，因而不同地区温度也有差别，这就形成了空气的水平运动。

　　3.温度、湿度等各要素水平分布不均匀：大气与地表接触，水蒸气、尘埃、微生物以及人类活动产生的有毒物质进入空气层，故该层中除气流做垂直和水平运动外，化学过程十分活跃，并伴随气团变冷或变热，水汽形成雨、雪、雹、霜、露、云、雾等一系列天气现象。

●生物水 --

水是生命的摇篮。自从生命在地球上诞生之日起，生命就始终在水的伴随下存在。在今天的地球上，几乎哪里有水存在，哪里就有生物。

生物水，顾名思义是指生物体内的水。生物水是地球上所有水体中水量最少的水体，但它却是所有水体中最活跃的水体，更换周期最短。只有几个小时，生命有机体的水就更换一次。

尽管各种生命体内含水量的百分比不同，但水都是生命体的主要组成成分，是一切生物共同的物质基础。

一般说来，水生生物和生命活动旺盛的细胞，含水率较高；陆地生物和生命活动不活跃的细胞，含水率较低。例如，水母体内，水的含量高达97%；在人的胎儿脑里，水的含量也高达91%；而在硬骨组织里，水的含量就只有20%~25%；在长时间休眠的种子和孢子里，水的含量甚至不到10%。

据测算，地球生物圈内，生命物质的总质量约为1.4万亿吨，平均按80%的含水率推算，生物水的质量约为11 200亿吨，或1 120立方千米。

地球上的生物，除了病毒之外，所有的生物体都是由细胞构成的。细胞不仅是生物体的结构单位，而且是生物体进行一切生命活动的基本单位。水是构成细胞的各种物质中含量最多的，大约占细胞重的80%~90%。

水在细胞中有两种存在形式：一部分水与细胞内的其他物质相结合，是构成细胞的重要组成，这部分水大约占细胞内全部水分的4.5%，被称为结合水；另一部分，也是绝大部分水是以游离的形式存在于细胞之中，由于这部分水可以自由流动，所以称为自由水。

自由水是细胞内的良好溶剂，许多物质都是溶于自由水中，这样通过自由水在生物体内流动，就把营养物质运送到生物体内各个部分的细胞之中，同时也把生物体内各个部分的细胞在新陈代谢中产生的废物，运送到排泄器官或直接排出体外。

总之，生物体一切生命活动的重要生化反应都是在水环境中进行的，离开水，生物的生命活动必将停止，生物也就不能存在。

活的生物体都时时刻刻地与周围环境进行着物质和能量的交换，这个在活细胞中全部有序的化学变化过程叫做新陈代谢。

新陈代谢是生物与非生物最基本最显著的本质区别。生物只有在新陈代谢的基础上，才表现出生长、发育、遗传和变异等基本特征。新陈代谢一旦停止，生命也就结束了。在新陈代谢的合成和分解两个过程中，水不仅是重要的参与物质，而且起着无可替代的运载作用，因为在通常情况下是液态，又有很好的溶解性，并且在溶解溶质后其自身的化学性质却显得十分稳定，因而能被生物体多次利用的物质非水莫属，也就是说唯有水才可以当此大"任"。

绿色植物的叶绿体利用光能，把水和二氧化碳转变为有机物（主要是淀粉），把光能转变成为贮藏在有机体内的能量，并释放出氧气，这个过程称为光合作用。光合作用是绿色植物新陈代谢的最显著特征，是植物最重要的生理功能。

在光合作用的过程中，发生了物质和能量的两种转化：一是把水和二氧化碳等无机物转变成淀粉等有机物的物质转化，这是自然界中一切生物的食物来源；另一种是把人类不能直接利用的太阳能转变成贮藏在有机物（如淀粉）中的能量转化，这是自然界中一切生物的能量来源。

绿色植物的光和作用消耗大气中的二氧化碳而释放出氧，而这氧正是来自于水，这不仅改变了地球原始大气的成分，而且使亿万年至今大气中的氧和二氧化碳保持相对的稳定，创造着适合人类和各种生物生存的大气环境。

总之，绿色植物的光合作用是人类赖以生活的基础，是地球上生物进化发展的最重要里程碑，而水是光合作用不可缺少的物质。可以说，没有光合作用，地球上就不可能出现高级动物，也就不会有人类。

水分代谢是绿色植物新陈代谢的主要内容，是靠蒸腾作用完成的。植物体不断地把体内的水分以气体的形式散失到大气中，这种生理过程叫做蒸腾作用。植物的叶是蒸腾的主要器官。

植物吸收（主要靠根部）到体内的水分，只有1%左右，保留在体内，参与光合作用和其他的代谢过程，而99%的水分经过蒸腾作用而散失。

植物的蒸腾作用是非常重要的。

首先蒸腾作用所产生的拉力是植物吸收水分和促进水分在体内运输矿物养料的主要动力。

其次由于蒸腾作用，水分散失到大气的过程中，水变成水蒸气吸收了大量的热，也就降低了植物体和叶面的温度，使其免遭强烈阳光照射而造成的灼伤，从而保证了植物呼吸作用的正常进行。

再次植物的蒸腾作用把植物体内的水分散发到大气之中，提高了大气的湿度，增加了降水；同时由于在蒸腾过程中吸收了大量热量，降低了空气温度，所以，炎热的夏天在树林里会备感凉爽。

动物，特别是高级动物，主要是靠消化系统吸入和排泄水分，还可以经过皮肤和呼吸系统散失水分。

人是热血恒温生物。人受热会通过出汗来散热，以此来调控体温。同时，通过自身的调节减少排尿量。汗水是咸的，这说明随汗水的大量排出，人体内的盐分也会大量流失。这时人就要不断补充含盐的水，以维持体内水和无机盐的平衡。

人呼出的气里也含有很多水分，这在寒冷的冬季室外最明显，呼出的气形成白色的"雾霭"，就是由于呼出的气中的水分遇冷后凝结成小水珠或小冰晶飘浮在空气中的缘故。

绿色植物主要靠根吸收水分，根部吸收水分最活跃的部位是根毛区，其细胞内含有大量亲水性物质——纤维素、淀粉和蛋白质等，靠吸附作用，从外界吸收大量水分。成熟细胞有液泡和细胞膜，靠渗透作用吸收水分。

渗透吸收是液泡中的细胞液通过原生质层与外界环境的溶液发生渗透作用而得失水分。当细胞液浓度大于外界溶液浓度时，细胞通过渗透作用而吸水；反之，当细胞浓度小于外界溶液浓度时，细胞通过渗透作用而失水。

知识点

细　胞

构成生物体的基本单位。体型极微，在显微镜下始能窥见。形状多种多样。主要由细胞核与细胞质构成，表面有薄膜。动植物细胞结构大致相同。植物细胞质膜外有细胞壁，细胞壁中常有质体，体内有叶绿体和液泡，还有线粒体。动物细胞质中常有中心体，而高等植物细胞中则无。细胞有运动、营养和繁殖等机能。

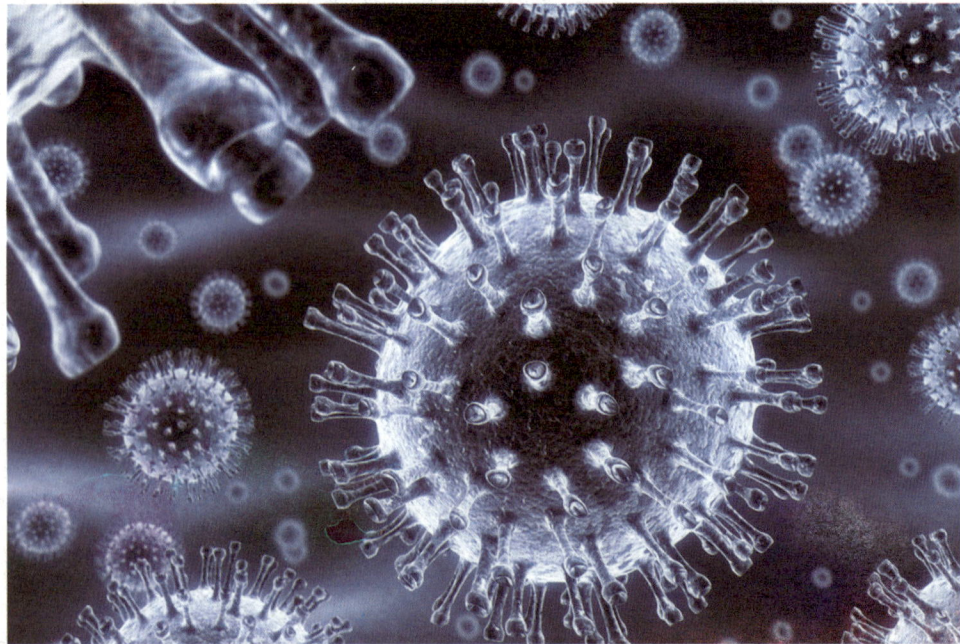

细　胞

已知除病毒之外的所有生物均由细胞所组成，但病毒生命活动也必须在细胞中才能体现。一般来说，细菌等绝大部分微生物以及原生动物由一个细胞组成，即单细胞生物；高等植物与高等动物则是多细胞生物。

细胞可分为两类：原核细胞、真核细胞。但也有人提出应分为三类，即把原属于原核细胞的古核细胞独立出来作为与之并列的一类。研究细胞的学科称为细胞生物学。

世界上现存最大的细胞为鸵鸟的卵子。

延伸阅读

影响生物水结构和性质的因素

1.无机离子：生命体系中大量存在的无机离子的静电荷，使水分子围绕其周围径向排列，形成有序的离子水化层。有序度随距离增大而减弱，小的离子则可能嵌入水结构晶格的孔隙中。

不同种类的离子对水结构的影响不同。"结构温度"——与25℃下该离子溶液中水的结构程度相同的纯水的温度——用来描述这种区别。

2.大分子：生物大分子结构极为复杂，它们对水的作用多种多样。荷电基团的静电场使水排列有序，形成离子型水合。极性基团与水产生氢键或发生偶极相互作用，形成极性水合层。非极性基团的聚集，使其周围形成疏水水合层，紧密缠绕在一起的分子链间的微小空间中，嵌入水分子，形成毛细管水。这些复杂的作用，导致不同状态水的存在。

3.细胞结构：细胞内的水具有与大分子溶液中相类似的表现，而且更为复杂。除各组分的作用外，细胞这一多组分非均相体系中众多的相界面，使表面作用影响更为突出。

此外，细胞精细结构的分区阻挡效应，使细胞内水的转动、平动、扩散都受到阻碍。

水资源与人类社会

我们已经知道，地球上水的储量很大，但大部分是咸水，淡水只占很少的一部分。这些淡水中有将近70％冻结在南极和格陵兰的冰盖中，其余大部分是土壤中的水分，或者是储存在地下深处蓄水层中的地下水，不易供人类开采使用。因此，易于供人类开采使用的淡水不足全球淡水的1％。

随着人类文明的进步与发展，水资源的需求量也在不断增加。特别是第二次世界大战以后。世界经济发展突飞猛进，用水量急剧增加。由于淡水资源在地区上分布极不均匀，各国人口和经济的发展也很不平衡，用水的迅速增长已使世界许多国家或地区出现了用水紧张的局面。

早在1977年，在阿根廷马德普拉塔召开的联合国水事大会，就向全世界发出警告：水不久将成为严重的社会危机，继石油危机之后，下一个危机便是水危机。在以后召开的多次国际会议，如爱尔兰都柏林和里约热内卢召开的联合国水与环境大会等，都对许多国家所面临的水危机给予了极大的关注。

●世界水资源现状 ------------------------------

地球表面的72％被水覆盖，但是淡水资源仅占所有水资源的0.75％，有近70％的淡水固定在南极和格陵兰的冰层中，其余多为土壤水分或深层地下水，不能被人类利用。地球上只有不到1％的淡水或约0.007％的水可被人类直接利用，而我国人均淡水资源只占世界人均淡水资源的1/4。

水不同于其他资源，对生命至关重要。人类的祖先来源于水，至今胎儿仍在母体的羊水中成长，人体的60％是液体，其中主要是水。

水对人体健康至关重要，一旦失去体内水分10%，生理功能即严重紊乱；失去水分20%，人很快就会死亡。水对人类以外的生命也是如此，它是一切生命之源，人类在外星球寻找生命，首先是找水。水对经济而言不可或缺，农作物无水会枯死，工业无水不能生产。水是人类一切文明之源。

地球上的水很多很多，据估计水的总体积约为13.8亿立方千米。如果将这些水平均分布于地球表面，相当于地球整个表面覆盖着一层平均深度为2 650米的水。但是十分可惜，这些水98%是咸水，主要分布在海洋中，淡水只占地球水总量的2%，而这2%的淡水也不能全为人类所应用，因为它的88%被冻在两极的冰帽和冰川里，剩下的12%即河流、湖泊和能开采的浅层地下水才可为人类应用，其中绝大多数又为地下水，不开采不能应用，可直接应用的河流湖泊中的水，只占淡水总量的0.04%。

地球上的水，总是处在变化之中，海洋和陆地上的水蒸发到大气中，再形成雨或雪落回大地，滋养万物，补充河流、湖泊或注入大海。水还会渗入地下，汇入地下蓄水层。极深的地下水不能补充，也不能开采，被称为原生水，因而不能再生。

正因为水资源的这种流动性质，因而形成陆地的水涝或干旱，造成水资源分布不均衡，世界上每年约有65%的水资源集中在10个国家里，而人口共占世界总人口的40%的80个国家（其中9个国家在近东和中东）却严重缺水，另26个国家（共有2.3亿人口）的水资源也很少。我们称这些国家为缺水国家。

国际上对缺水国家的标准是依据瑞典水文

干旱

学家马林·法尔肯马克所下的定义：如果一个国家所拥有的可更新的淡水供应量在每人每年1 700吨以下，那么这个国家就会定期或经常处于少水的状况；如果每人每年水供应量在1 000吨以下，那就会感到水紧缺。

按地区分布，巴西、俄罗斯、加拿大、中国、美国、印度尼西亚、印度、哥伦比亚和刚果9个国家的淡水资源占了世界淡水资源的60%。约占世界人口总数40%的80个国家和地区约15亿人口淡水不足，其中26个国家约3亿人极度缺水。更可怕的是，预计到2025年，世界上将会有30亿人面临缺水，40个国家和地区淡水严重不足。

知识点

羊　水

所谓羊水，是指怀孕时子宫羊膜腔内的液体。在整个怀孕过程中，它是维持胎儿生命所不可缺少的重要成分。

在胎儿的不同发育阶段，羊水的来源也各不相同。在妊娠第一个三月期，羊水主要来自胚胎的血浆成分；之后，随着胚胎的器官开始成熟发育，其他诸如胎儿的尿液、呼吸系统、胃肠道、脐带、胎盘表面等，也都成为羊水的来源。

延伸阅读

健康水标准

1. 不含有害人体健康的物理性、化学性和生物性污染；

2. 含有适量的有益于人体健康，并呈离子状态的矿物质（钾、镁、钙等含量在100mg/L）；

3. 水的分子团小，溶解力和渗透力强；

4. 水中含有溶解氧（6mg/L左右），含有碳酸根离子；

5. 呈负电位，可以迅速、有效地清除体内的酸性代谢产物和多余的自由基及各种有害物质；

6. 水的硬度适度，介于50～200mg/L（以碳酸钙计）。

到目前为止，只有弱碱性呈离子态的水能够完全符合以上标准。因此它不仅适合健康人长期饮用，而且也由于它具有明显的调节肠胃功能、调节血脂、抗氧化、抗疲劳和美容作用，也非常适合胃肠病、糖尿病、高血压、冠心病、肾脏病、肥胖、便秘和过敏性疾病等体质酸化患者辅助治疗。

●我国的水资源

我国地处西伯利亚干冷气团和太平洋暖湿气团进退交锋地区，一年内水汽输送和降水量的变化，主要取决于太平洋暖湿气团进退的早晚和西伯利亚冷气团的强弱变化，以及七八月间太平洋西部的台风情况。

我国的水汽主要来自东南海洋，并向西北方向移运，首先在东南沿海地区形成较多的降水，越向西北，水汽量越少。

来自西南方向的水汽输入也是我国水汽的重要来源，主要是由于印度洋的大量水汽随着西南季风进入我国西南，因而引起降水，但由于崇山峻岭阻隔，水汽不能深入内陆腹地。

西北边疆地区，水汽来源于西风环流带来的大西洋水汽。此外，北冰洋的水汽，借强盛的北风，经西伯利亚、蒙古进入我国西北，因风力较大而稳定，有时甚至可直接通过两湖盆地而达珠江三角洲，但所含水汽量少，引起的降水量并不多。

我国东北方的鄂霍次克海的水汽随东北风来到东北地区，对该地区降水起着相当大的作用。

综上所述，我国水汽主要从东南和西南方向输入，水汽输出口主要是东部沿海。输入的水汽，在一定条件下凝结、降水成为径流。其中大部分经东北的黑龙江、图们江、绥芬河、鸭绿江、辽河，华北的滦河、海河、黄河，中部的岷江、淮河，东南沿海的钱塘江、闽江，华南的珠江，西南的澜沧江

以及台湾各河注入太平洋；少部分经怒江、雅鲁藏布江等流入印度洋；还有很少一部分经额尔齐斯河注入北冰洋。

一个地区的河流，其径流量的大小及其变化，取决于它所在的地理位置，及在水分循环路线中外来水汽输送量的大小及季节变化，也受当地蒸发水汽所形成的"内部降水"的多少所控制。因此，要认识一条河流的径流情势，不仅要研究本地区的气候及自然地理条件，也要研究它在大区域内水分循环途径中所处的地位。

根据水汽来源不同，我国主要有五个水文循环系统：

1.太平洋水文循环系统

我国的水汽主要来源于太平洋。海洋上空潮湿的大气在东南季风与台风的影响下，大量的水汽由东南向西北方向移动，在东南沿海地区形成较多的降雨，越向西北降水量越少。我国大多数河流自西向东注入太平洋，形成太平洋水文循环系统。

太平洋

2.印度洋水文循环系统

来自西南方向的水汽也是我国水资源的重要来源之一。夏季主要是由于印度洋的大量水汽随着西南季风进入我国西南，也可进入中南、华东以至河套以北地区。但是由于高山的阻挡，水汽很难进入内陆腹地。

另外，来自印度洋的是一股深厚潮湿的气流，它是我国夏季降水的主要来源。印度洋输入的水汽形成的降水，一部分通过我国西南地区的一些河流，如雅鲁藏布江、怒江等汇入印度洋，另一部分则参与了太平洋的水文循环。

3.北冰洋水文循环系统

除前述北冰洋水汽经西伯利亚、蒙古进入我国西北外，有时可通过两湖盆地直到珠江三角洲，只是含水汽量少，引起的降水量不大。

4.鄂霍次克海水文循环系统

在春季到夏季之间，东北气流把鄂霍次克和日本海的湿、冷空气带入我国东北北部，对该区降水影响很大，降水后由黑龙江汇入鄂霍次克海。

5.内陆水文循环系统

我国新疆地区，主要是内陆水文循环系统。大西洋少量的水汽随西风环流东移，也能参与内陆水文循环。

此外，我国华南地区除受东南季风和西南季风影响外，还受热带辐合带的影响，把南海的水汽带到华南地区形成降水，并由珠江汇入南海。

降水是水文循环的重要环节。我国降水的时空分布主要受上述五个主要的水文循环系统及其变化的控制，加之诸多小循环的参与，呈现出极不均匀的现象。在我国，降水是水资源的主要补给来源，因此水资源的时空分布与降水的时空分布关系略为密切。降水多的地区水资源丰富，降水少的地区水资源匮乏，显示出水资源自东向西、自南向北由多变少的的趋势。

我国水资源受降水影响，其时空分布具有年内、年际变化大以及区域分布不均匀的特点。

我国水资源的地区分布很不均匀，北方水资源贫乏，南方水资源较丰富，南北相差悬殊。长江及其以南地区的流域面积占全国总面积的36.5%，却拥有占全国80.9%的水资源总量，西北内陆地区及额尔齐斯河流域面积占全国的63.5%，拥有的水资源量却仅占全国的4.6%。按面积平均，北方的水资源量低于全国平均水平。

降水是地表水、土壤水、地下水的总补给来源，是水量平衡三要素（降水、蒸发与径流）之一，在水文水资源的分析与计算中占有重要地位。

我国年降水量的地区分布，大体上由东南向西北减少。这是因为我国西北地区伸入亚欧大陆的中心，东南濒临世界最大的海洋——太平洋，大部分地区盛行季风。因此，东南湿润，西北干旱。台湾省的基隆，年降水量曾达3 660毫米，位于新疆塔里木盆地东南角的若羌，年降水量仅15.6毫米。

我国降水量的季节分布特点是大部分地区集中在夏季，冬季雨量最少。雨热同季，为农业生产提供了良好的条件。长江以南地区，多雨期为3—6月或4—7月。正常年份最大4个月降水量占全年降水量的50%～60%。华北和东北地区雨季为6—9月。正常年最大4个月雨量占全年降水量的70%～80%。西南地区雨季为5—10月，最大4个月雨量占全年的70%～80%。

按照年降水和年径流的多少，全国大致可划分为水资源条件不同的五个地带：

1.多雨—丰水带

年降水量大于1 600毫米，年径流深超过800毫米，年径流系数在0.5以上。包括浙江、福建、台湾、广东等省的大部分地区，广西东部、云南西南部、西藏东南隅，以及江西、湖南、四川西部的山地。其中台湾东北部和西藏东南的局部地区，年径流深高达5 000毫米，是我国水资源最丰富地区。

2.湿润—多水带

年降水量800～1 600毫米，年径流深200～800毫米，年径流系数为0.25～0.5。主要包括沂沭河下游和淮河两岸地区，秦岭以南汉水流域，长江中下游地区，云南、贵州、四川、广西等省区的大部分及东北的长白山区。

3.半湿润—过渡带

年降水量400～800毫米，年径流深50～200毫米，年径流系数0.1～0.25。包括黄淮海平原，东北三省、山西、陕西的大部分，甘肃和青海的东南部，新疆北部和西部山地，四川西北部和西藏东部。

4.半干旱—少水带

年降水量200～400毫米，年径流深10～50毫米，年径流系数在0.1以下。包括东北地区西部，内蒙古、宁夏、甘肃的大部分地区，青海、新疆的西北部和西藏部分地区。

5.干旱—干涸带

年降水量小于200毫米，年径流深不足10毫米，有的地区为无流区。包括内蒙古、宁夏、甘肃的荒漠和沙漠，青海的柴达木盆地，新疆的塔里木盆地和准噶尔盆地，西藏北部羌塘地区。

由于降水、地表水和水文地质条件的不同，我国平原地区地下水资源的

柴达木盆地

差异也很大。

河川年径流量的季节变化取决于河流的补给条件。按照河流补给情况，全国大致可分为三区：

1.秦岭以南主要为雨水补给区，河川径流量的季节变化主要受降水季节分配的影响，夏汛比较突出。因流域的调节作用，河流少雨季节一般比多雨季节滞后一个月左右。

2.东北地区、华北部分地区、黄河上游和西北一些河流，为雨水和冰雪融水补给区，有春、夏两次汛期，年径流过程线呈双峰型。但一般春汛水量不大，多数河流占年径流量的5%左右，少数超过10%。

3.西北内陆地区的祁连山、天山、阿尔泰山、昆仑山以及青藏高原部分河流，主要由高山冰雪融水补给，径流量的变化与气温有密切关系，年内分配比较均匀。

我国是一个多湖泊的国家，面积在1平方千米以上的湖泊有2 300多个，湖泊总面积7.2万平方千米，约占国土总面积的0.8%。湖泊储水总量7 088亿立方米，其中淡水储量2 260亿立方米，占湖泊储水总量的31.9%。

我国外流区湖泊以淡水湖为主，湖泊面积3.7万平方千米，储水量2 145亿立方米，其中淡水储量约1 805亿立方米，在内陆河区，湖泊面积约4.11万平方千米，储水量4 943亿立方米，其中淡水储量455亿立方米。内陆水区除青藏高原尚分布一些淡水湖泊外，其他多为咸水湖或盐湖。

按湖泊的地理分布，可分为五个主要湖区：青藏高原湖区、东

青藏高原

部平原湖区、蒙新高原湖区、东北平原及山地湖区、云贵高原湖区。其中西藏自治区最多，有湖泊700多个。大多湖泊面积萎缩，洞庭湖水面比1949年缩小约1700万平方千米，江汉平原面积大于50平方千米的湖泊数量，20世纪80年代比20世纪50年代减少49.4%，总面积减少43.7%。干旱、半干旱区湖泊水面日益缩小的趋势更为严重。我国最大的高原湖泊青海湖自成湖至今，水位已下降了100多米，有的湖泊甚至已经消失，如罗布泊、台特马湖等。

我国还是世界上中低纬度山岳冰川最多的国家之一。现代冰川主要分布在西藏、新疆、青海、甘肃、四川和云南六省区。据有关统计资料表明，我国冰川总面积约为5.87万平方千米，相当于全球冰川覆盖面积1 620万平方千米的0.36%。我国冰川规模的大小及分布很不均匀，西藏境内的冰川面积最大，占全国冰川面积的47%；其次是新疆，占44%；其余9%分布在青海、甘肃等省区内。全国冰川61%的面积分布在内陆河区。

我国冰川储量51 322亿立方米，年均冰川容水量约563亿立方米，此部分水量是河川径流的组成部分。西藏的冰川水资源量最多，约占全国冰川水资源总量的60%；其次是新疆，约占34%；青海、甘肃等约占6%；分布在内陆河区的冰川水资源约为236亿立方米，占内陆河水资源总量的20%，是内陆河水资源的重要组成部分。

干旱区河川径流量中冰川融水所占比重较大，一般在50%左右。冰川融水补给比较稳定，使得西北干旱区河流的流量较北方其他河流流量稳定。

🖍 知识点

气 团

气团是指气象要素（主要指温度和湿度）水平分布比较均匀的大范围的空气团。在同一气团中，各地气象要素的重点分布几乎相同，天气现象也大致一样。

气团的水平范围可达几千千米，垂直高度可达几千米到十几千米，常常从地面伸展到对流层顶。

气团的分类方法主要有三种，一种是按气团的热力性质不同，划分为冷气团和暖气团；第二种是按气团的湿度特征的差异，划分为干气团和湿气团，第三种是按气团的发源地，常分为北冰洋、气团、极地气团，热带气团、赤道气团。

延伸阅读

我国的气候类型

1. 热带季风气候

包括台湾省的南部、雷州半岛和海南岛等地。年积温≥8000℃，最冷月平均气温不低于16℃，年极端最低气温多年平均不低于5℃，极端最低气温一般不低于0℃，终年无霜。

2. 亚热带季风气候

我国华南大部分地区和华东地区属于此种类型的气候。年积温在4500℃～8000℃之间，最冷月平均气温-8℃～0℃，是副热带与温带之间的过渡地带，夏季气温相当高（候平均气温≥25℃至少有6个候，即30天），冬季气温相当低。

3. 温带季风气候

我国内蒙古和新疆北部等地属于此种类型的气候。年积温低于1600℃～3400℃之间，最冷月平均气温在-28℃～-8℃、夏季候平均气温多数仍超过22℃，但超过25℃的已很少见。

4. 高原山地气候

我国青藏高原属于此种类型的气候。年积温低于2000℃，日平均气温低于10℃，最热的气温也低于5℃，甚至低于0℃。气温日较差大而年较差较小，但太阳辐射强，日照充足。

5. 温带大陆性气候

广义的温带大陆性气候包括温带沙漠气候、温带草原气候及亚寒带针叶林气候。狭义的概念将湿润的后者除外

我国大部分北纬30°以北的内陆地区都是温带大陆性气候。

●经济社会需水预测 ————————————————————————

生活需水预测

生活需水分城镇居民需水和农村居民需水两类，可采用人均日用水量方法进行预测。

根据经济社会发展水平、人均收入水平、水价水平、节水器具推广与普及情况，结合生活用水习惯、现状用水水平，参考国内外同类地区或城市生活用水定额水平，参照建设部门已制定的城市（镇）用水标准，分别拟定各水平年城镇和农村居民生活用水净定额；根据供水预测成果以及供水系统的水利用系数，结合人口预测成果，进行生活净需水量和毛需水量的预测。城镇和农村生活需水量年内比较均匀，可不统计或对生活需水的月分配按系数进行分配。

农业需水预测

农业需水包括农田灌溉需水和林牧渔业需水。

农田灌溉需水根据作物需水量考虑田间灌溉损失计算农田净灌溉定额，根据比较选定的灌溉水利用系数，进行毛灌溉需水量的预测。

农田净灌溉定额，可选择具有代表性的农作物的田间灌溉定额，结合农作物播种面积预测成果或复种指数加以综合确定。有关部门或研究单位大量的灌溉试验所取得的灌溉试验成果，可作为确定农作物净灌溉定额的基本依据。资料比较好的地区确定农作物净灌溉定额时，可采用彭曼公式计算农作物潜在蒸腾蒸发量、扣除有效降雨并考虑田间灌溉损失后的方法而得。

有条件的地区可采用降雨长系列计算方法设计灌溉定额，若采用典型年方法，则应分别提出降雨频率为50%、75%和95%的田间灌溉定额。

田间灌溉定额可分为充分灌溉和非充分灌溉两种类型。对于水资源比较

丰富的地区，可采用充分灌溉定额；而对于水资源比较紧缺的地区，可采用非充分灌溉定额。预测田间灌溉定额应充分考虑田间节水措施以及科技进步对减少田间灌溉定额的影响。

对于井灌区、渠灌区和井渠结合灌区，应根据节水规划的有关成果，分别确定各自的渠系及灌溉水利用系数，并分别计算其净灌溉需水量和毛灌溉需水量。

林牧渔业需水预测

包括林果地灌溉、草场灌溉、牲畜用水和鱼塘补水等四类。林牧渔业需水量中的灌溉（补水）需水量部分，受降雨条件影响较大，有条件的或用水量较大的地区应分别提出降雨频率为50%、75%和95%三类情况下的预测成果，其总量不大或不同年份变化不大时可用平均值代替。

根据当地试验资料或现状典型调查，分别确定林果地和草场灌溉的净灌溉定额；根据灌溉水源及灌溉方式，分别确定渠系水利用系数；结合林果地与草场发展面积预测指标，进行林地和草场灌溉净需水量和毛需水量预测。鱼塘补水量为维持鱼塘一定水面面积和相应水深所需要补充的水量，采用亩均补水定额方法计算，亩均补水定额可根据鱼塘渗漏量与水面蒸发量与降水量的差值加以确定。

工业需水预测

工业需水分高耗水工业需水、一般工业需水和火（核）电工业需水三类。

高耗水工业和一般工业需水可采用万元增加值取用水量法进行预测，高耗水工业需水预测可参照国家经贸委编制的工业节水规划的有关成果。火（核）电工业分循环式和贯流式两种用水类型，采用发电量（亿kW·h）取用水量法进行需水预测，并以装机容量（万kW）取用水量法进行复核。

建筑业和第三产业需水

建筑业需水预测以单位建筑面积取用水量法为主，以建筑业万元增加值取用水量法进行复核。第三产业需水可采用万元增加值取用水量法进行预测。根据这些产业发展规划成果，结合用水现状分析、预测各规划水平年的净需水定额和水利用系数，进行净需水量和毛需水量的预测。

知识点

第三产业

第三产业，又称第三次产业，指不生产物质产品的行业，即服务业，是英国经济学家、新西兰奥塔哥大学教授费希尔1935年在《安全与进步的冲突》一书中首先提出来的。第三产业是指除第一、二产业以外的其他行业。

我国第三产业包括流通和服务两大部门，具体分为四个层次：

一是流通部门：交通运输业、邮电通讯业、商业饮食业、物资供销和仓储业；

居民服务业

二是为生产和生活服务的部门：金融业、保险业、地质普查业、房地产管理业、公用事业、居民服务业、旅游业、信息咨询服务业和各类技术服务业；

三是为提高科学文化水平和居民素质服务的部门：教育、文化、广播、电视、科学研究、卫生、体育和社会福利事业；

四是国家机关、政党机关、社会团体、警察、军队等，但在国内不计入第三产业产值和国民生产总值。

由此可见，这种第三产业基本是一种服务性产业。

延伸阅读

核电站里为什么要用水

在核电厂，除了核燃料、控制棒等之外，还有大量的水。水是干什么用的呢？

由于裂变过程可以产生新一代的中子，这些中子的任务是引发下一代的核裂变。可是裂变产生的中子速度很快，被^{235}铀原子吸收发生裂变反应机会很小，因此要想办法把中子的速度减下来，能使中子速度减慢的材料有石墨、金属铍、重

核电站

水和普通水（轻水）。其中，轻水最容易得到，最便宜，也最好操作。

　　水在核反应堆里还有一个重要使命，就是把核裂变产生的热带出来。这一点很容易做到，因为水本来就是液态，很容易流动。所以水在核反应堆里，既是使中子速度减少的慢化剂，又是载出热量的冷却剂。核反应堆里的水如果意外流失了，就会造成很严重的后果，一般我们把它叫做"失水事故"。

●生态环境需水预测 ----------------------------

　　生态环境用水是指为生态环境美化、修复与建设或维持现状生态环境质量不至于下降所需要的最小需水量。生态环境需水预测要根据本区域生态环境所面临的主要问题，拟定生态环境保护与建设目标，确定生态环境需水预测的基本原则，明确生态环境需水的主要内容及其要求。

　　按照美化生态环境和修复生态环境，并按河道内和河道外两类生态环境需水口径分别进行预测。根据各分区、各流域水系不同情况，分别计算河道内和河道外生态环境需水量。

　　河道内生态环境用水一般分为维持河道基本功能和河口生态环境的用水。河道外生态环境用水分为湖泊湿地生态环境与建设用水、城市景观用水等。

　　不同的生态环境需水量计算方法不同。城镇绿化用水、防护林草用水等以植被需水为主体的生态环境需水量，可采用灌溉定额的预测方法；湖泊、湿地、城镇河湖补水等，以规划水面面积的水面蒸发量与降水量之差为其生态环境需水量；其他生态环境需水，可结合各分区、各河流的实际情况采用相应的计算方法，并开展专题研究。

　　河道内其他生产活动用水（包括航运、水电、贯流式火电及核电、渔业、旅游等），一般来讲不消耗水量，但因其对水位、流量等有一定的要求，因此，为做好河道内控制节点的水量平衡，亦需要对此类用水量进行估算。

　　河道外需水量，一般均要参与水资源的供需平衡分析。因此，在生活、

生产、生态需水量预测成果的基础上，按城镇和农村两大供水系统（口径）分配需水量预测成果，并进行需水量预测成果汇总。在进行城镇和农村需水量预测时，可参照现状用水量的城乡分布比例，结合工业化和城镇化发展情况，对工业、建筑业和第三产业的需水量进行城乡分配，也可按"三产"需水的口径，分区按城乡分别预测。

供水可从地表水和地下水供水两方面来加以分析考虑。

1.地表水供水

地表水资源开发，一方面要考虑更新改造、续建配套现有水利工程可能增加的供水能力以及相应的经济技术指标，另一方面要考虑规划的水利工程，重点是新建大中型水利工程的供水规模、范围和对象，以及工程的主要技术经济指标，经综合分析提出不同工程方案的可供水量、投资金额和效益。

地表水可供水量计算，要以各河系各类供水工程以及各供水区所组成的供水系统为调算主体，进行自上游到下游，先支流后干流逐级调算。大型水库和控制面积大、可供水量大的中型水库应采用长系列进行调节计算，得出不同水平年、不同保证率的可供水量，并将其分解到相应的计算分区，初步确定其供水范围、供水目标、供水用户及其优先度、控制条件等，供水资源合理配置最终确定；其他中型水库和小型水库及塘坝工程可采用简化计算，如采用兴利库容乘复蓄系数估算；引提水工程根据取水口的径流量、引提水工程的能力以及需水要求计算可供水量；规划工程要考虑与现有工程的联系，按照新的供水系统进行可供水量计算。

可供水量计算应预计不同规划水平年工程状况的变化，既要考虑现有工程更新改造和续建配套后新增的供水量，又要估计工程老化、水库淤积和因上游用水增加造成的来水量减少等对工程供水能力的影响。

为了计算重要供水工程以及分区和供水系统的可供水量，要在水资源评价的基础上，分析确定主要水利工程和流域主要控制节点的历年逐月入流系列以及各计算分区的历年逐月水资源量系列。

在水资源紧缺地区，要研究在确保防洪安全的前提下，改进防洪调度方式，提高洪水的利用程度。

病险水库加固改造：收集大型病险水库及重要中型病险水库加固改造的作用和增加的供水量的有关资料。

灌区工程续建配套：收集灌区工程续建配套有关资料，分析续建配套对增加供水量、提高供水保证率以及提高灌溉水利用效率的有关资料。填报附表，并附简要说明。

在建及规划大型水源工程和重要中型水源工程：在建及规划的蓄引提调等水源工程，要按照规划工程的设计文件，统计工程供水规模、范围、对象和主要技术经济指标等，分析工程的作用，计算工程建成后增加的供水能力以及单方水投资和成本等指标。有条件的地区应将新建骨干工程与现有工程所组成的供水系统，进行长系列调算，计算可供水量的增加量，并相应提出对下游可能造成的影响。大型水利工程及重要中型水利工程要逐个分析。

规划和扩建的跨流域调水工程：跨流域调水工程主要是指水资源一级区间的水量调配工程，以及涉及不同省级行政区的独立流域之间的跨流域调水工程。要收集、分析调水规模、供水范围和对象、水源区调出水量、受水区调入水量，以及主要技术经济指标等。跨流域调水工程，要列出分期实施的计划，并将工程实施后，不同水平年调入各受水区的水量，纳入相应分区的地表水可供水量中。

其他中小型供水工程：面广量大的其他中小型蓄引提工程，可按计算单元汇总分析。要求收集各计算单元内此类中小型工程最近几年的实际供水量、工程技术经济指标，在此基础上预测其可供水量，并分析规划工程的效果、作用和投资。

2.地下水供水

要求结合地下水实际开采情况、地下水可开采量以及地下水位动态特

征，综合分析确定具有地下水开发利用潜力的分布范围和开发利用潜力的数量，提出现状基础上增加地下水供水的地域和供水量。要求各省（自治区、直辖市）填报附表，并绘制有地下水开发利用潜力地区的分布图。

在地下水超采区，应拟定压缩开采量（含禁采）的计划，以超采区地下水可开采量作为确定超采区地下水供水量的依据。

划定地下水供水区和确定地下水供水量后，在现有地下水工程的基础上，既要提出对现有地下水工程的更新改造、续建配套规划，又要提出规划地下水工程规划，并作出相应的规划安排和投资预算。

其他水源开发利用主要指参与水资源供需分析的雨水集蓄利用、微咸水利用、污水处理回用和海水利用等。

知识点

雨水集蓄工程

雨水集蓄工程是指对降雨进行收集、汇流，存储和进行节水灌溉的一套系统。一般由集雨系统、输水系统、蓄水系统和灌溉系统组成。

1.集雨系统：集雨系统主要是指收集雨水的集雨场地。首先应考虑具有一定产流面积的地方作为集雨场，没有天然条件的地方，则需人工修建集雨场。为了提高集流效率，减少渗漏损失，要用不透水物质或防渗材料对集雨场表面进行防渗处理。

2.输水系统：输水系统是指输水沟（渠）和截流沟。其作用是将集雨场上的来水汇集起来，引入沉沙池，而后流入蓄水系统。要根据各地的地形条件、防渗材料的种类以及经济条件等，因地制宜地进行规划布置。

3.蓄水系统：蓄水系统包括蓄水体及其附属设施。其作用是存储雨水。

4.灌溉系统：灌溉系统包括首部提水设备、输水管道和田间的灌水器等节水灌溉设备，是实现雨水高效利用的最终措施。由于各地地形条件、雨水资源量、灌溉的作物和经济条件的不同，可以选择适宜的节水灌溉形式。常见的形式有滴灌、渗灌、坐水种、注射灌、膜下穴灌与细流沟灌等技术。

延伸阅读

水库的作用

1. 防洪作用

水库是防洪广泛采用的工程措施之一。在防洪区上游河道适当位置兴建能调蓄洪水的综合利用水库，利用水库库容拦蓄洪水，削减进入下游河道的洪峰流量，达到减免洪水灾害的目的。

水库对洪水的调节作用有两种不同方式，一种起滞洪作用，另一种起蓄洪作用。

（1）滞洪作用：滞洪就是使洪水在水库中暂时停留。当水库的溢洪道上无闸门控制，水库蓄水位与溢洪道堰顶高程平齐时，则水库只能起到暂时滞留洪水的作用。

（2）蓄洪作用：在溢洪道未设闸门情况下，在水库管理运用阶段，如果能在汛期前用水，将水库水位降到水库限制水位，且水库限制水位低于溢洪道堰顶高程，则限制水位至溢洪道堰顶高程之间的库容，就能起到蓄洪作用。蓄在水库的一部分洪水可在枯水期有计划地用于兴利需要。

当溢洪道设有闸门时，水库就能在更大程度上起到蓄洪作用，水库可以通过改变闸门开启度来调节下泄流量的大小。由于有闸门控制，所以这类水库防洪限制水位可以高出溢洪道堰顶，并在泄洪过程中随时调节闸门开启度

水库

来控制下泄流量，具有滞洪和蓄洪双重作用。

2. 兴利作用

降落在流域地面上的降水（部分渗至地下），由地面及地下按不同途径泄入河槽后的水流，称为河川径流。由于河川径流具有多变性和不重复性，在年与年、季与季以及地区之间来水都不同，且变化很大。大多数用水部门（例如灌溉、发电、供水、航运等）都要求比较固定的用水数量和时间，它们的要求经常不能与天然来水情况完全相适应。

人们为了解决径流在时间上和空间上的重新分配问题，充分开发利用水资源，使之适应用水部门的要求，往往在江河上修建一些水库工程。水库的兴利作用就是进行径流调节，蓄洪补枯，使天然来水能在时间上和空间上较好地满足用水部门的要求。

●严重的水资源危机 ------------------------

我们知道，在世界现有总水量中，海水约占97%，淡水储量只占2.53%。在地球的淡水中，深层地下水、南北两极及高山的冰川、永久性积雪和永久性冻土底层共占淡水总量的97.01%以上；而比较容易开发利用的湖泊、河流、浅层地下水等淡水量仅占全球淡水总量的2.99%，约为104.6万亿立方米，每年通过水文循环，淡水的补给量为47万亿立方米。鉴于深层地下水、南北两极及高山的冰川、永久性积雪等大量淡水目前尚难开发利用，不少国家或

海 水

地区出现了淡水资源不足和告急。

到2006年，全世界有半数以上的国家和地区缺乏饮用水，特别是经济欠发达的第三世界国家，目前已有70%，即17亿人喝不上清洁水，世界已有将近80%人口受到水荒的威胁。

淡水严重缺少的国家和地区，甚至影响到人们的基本生存。在邻接撒哈拉沙漠南部的干旱国家，因为缺水，农田荒废，几千万人挣扎在饥饿死亡线上，每年约有20万人饿死。目前，发展中国家至少3/4的农村人口和1/5的城市人口，常年不能获得安全卫生的饮用水，17亿人没有足够的饮用水，有的国家已经靠买水过日子。德国从瑞士买水，美国从加拿大买水，阿尔及利亚也从其他国家进口水。阿拉伯联合酋长国从1984年起，每年从日本进口雨水2 000万立方米。精明的日本只要花100多吨水就可换得1吨石油。

水资源是环境和自然财富的主要组成部分之一，同时，似乎也是比其他组分容易受到人为作用影响的最活动的部分。世界上的许多国家，尤其是处于干旱地带内的国家，都感到日常需要的用水不足。甚至在水资源丰富的国家，当水资源在面积上和一年各季节中分布不均匀时，需水量的急剧增长已经使可供人们利用的淡水资源不足。著名的意大利水城威尼斯，由于枯水呈现出像垃圾箱一样的丑陋姿态。

全球淡水危机，土地干涸已经成为普遍的现象，自然环境的恶劣在加速发展之中。水的因素已开始阻碍工农业生产。如何使可供人们利用的淡水资源有保障，防止水资源的枯竭和污染，以及使水资源再生，就引出地球上水资源开发利用中的一些问题。

缺水威胁着地球人类的生存，世界70亿人口中，已经有34亿人每天只能享有50升水，非洲大陆连年持续干旱，已使许多人家园毁弃背井离乡。干旱造成农作物大面积减产或绝收，已经不再是个别的现象。在世界各地，有许多的农民在承受着干旱所带来的打击。

埃塞俄比亚由于连年干旱，加上内战不已，20世纪80年代有100多万人饿死，数百万人营养不良。埃塞俄比亚人渴望能把尼罗河的水引来浇灌农田，但他们要搞这一引水工程势必与苏丹和埃及发生冲突，因为这两个国家也需要尼罗河的水。特别是埃及，由于人口剧增，农田水利建设不当，埃及人曾计划开凿一条360千米长的运河，以使尼罗河河水改道，不经流苏丹而直接通过运河流入埃及境内。这个大型水利工程会极大地破坏自然生态平衡。一旦这个计划完成，苏丹的31 500平方千米的大沼泽将会缩小80％。更加危险的是，不仅千万种鸟类、鱼类和其他哺乳动物将要绝迹，而且那里的40万人会有生命危险。由于苏丹1983年发生内战，埃及的这个计划最后搁浅。

水的问题在以色列和约旦之间的争端中始终具有战略意义，两国水源供应皆依赖约旦河。因此在20世纪60年代末的持久战中，以色列就反复轰炸约旦的一条运河，以造成约旦缺水，致使人们无法生存。约旦曾一度许多村镇每周只供两次水，然而为满足未来人口增长的需要必须增加1倍的供水量。以色列尽管有较好的水土保持和节水灌溉技术，但连年干旱，前苏联犹太人移居以色列各城市，以及在加沙地带的75万名巴勒斯坦人，都加剧了以色列缺水的危机。加沙地下水位已下降到危险地步，不仅受到海水的侵蚀而且受到下水道污水的污染。

在中亚，咸海在过去30年间，面积缩小了2/3。湖水里的盐分和寄生虫大大侵蚀了湖泊周围的土地，使数百万人患肠胃病之类的疾病以及喉癌。伏尔加河的污染严重地破坏了鱼子酱工业的生产。波兰有1/3的河水被污染得无法使用。

1988年时，美国近30个州持续干旱达数月之久。中西部夏季歉收，科罗拉多河水位下降，致使8个州的农业及饮水供应受到威胁。田园荒芜，土地龟裂，电力生产锐减。由于大建水坝，使河流改道，野生动物濒临灭绝。南卡罗来纳州的供水十分紧张。旧金山南部的萨克拉门托河三角洲以每年7.5厘米的速度下沉，使这个低洼地区比以往更加容易受到海水侵蚀。为了不使三角洲的1 900万人受到地沉、海水侵蚀的威胁，南卡罗来纳州用水必须有所节制。

墨西哥对水的浪费以及林区乱砍滥伐使墨西哥供水紧张。墨西哥城贫民区的供水实际是污水,然而就是这种脏水的供应也不充分。

印度第4大城市马德拉斯是一个严重缺水的城市,这里的公共供水站的供水时间是每天清晨4—6时,居民们必须每天半夜起床,排队取水,否则他们一天的饮用水就无着落。印度还有许多严重缺水的城市,这些城市里只有医院和大饭店能得到特殊照顾。印度还有千千万万个农村根本没有供水设施,农民必须长途跋涉到有河水或井水的地方取水。

即使在雨量较多的欧洲和美国东部地区水也紧张起来,水的质量还在下降。20世纪80年代末期,全球每天有4万名儿童死亡,其中许多是因缺少洁净水而患腹泻、传染病及其他因水源危机而产生的副作用死亡的。

早在20世纪50年代前,人们还认为水资源是取之不尽用之不竭的。在20世纪后半期情况则发生了巨大的变化,与水资源有关的基础建设急剧扩展,随着人口的增长,工业迅速发展,农业灌溉面积的不断扩大,用水量也迅猛增加,使可供人们利用的水资源也相应地急剧减少。

供水水源(河流、湖泊、水库、地下水等)同时用来排放废水,因此,污染构成了水资源的主要威胁:1立方米的废水可污染几十倍以上的净水。排放有害物质,特别是毒性较大的物质,给天然水自净造成了极大的困难。污染是可供人们利用的淡水资源枯竭的主要原因。

在工业发达的国家中,水体污染的规模是非常惊人的。美国最主

湖泊

要的河流系统均遭受了污染。美国主要河流密西西比河已成为废水和废物的巨大聚集地。西欧的个别河流，有一半含有废水。如莱茵河从前是优美和清洁的象征，由于污染一度成为污水河，被石油产品薄膜所覆盖。污染向海洋蔓延，并开始向远洋渗透。每年向大洋排放数百万吨石油、数千吨放射性废物等。须知，大洋水的自净能力是有限的。

有害物质渗入土壤，并进入地下水中。污染源之一是对土壤施的肥料和给农作物喷撒的农药，这就使广大面积的地下水被污染，排入地下的生活污水和工业废水的影响更大。因此，几乎世界上的所有大城市和工业中心，如美国、西欧、日本，甚至发展中国家，上部含水层——潜水已被污染。

水资源枯竭的另一个原因是不合理的开采利用水资源，有时甚至是掠夺式的开采水资源。供水损耗量占采水量20%以上，灌溉损耗量占灌溉用水量的50%～60%以上，甚至更大。过量开采水对地下水的影响特别有害。在许多地区内，地下水水位的不断下降引起局部地区淡水含水层完全枯竭。

喷农药

现代用水的特点是需水量急剧增加，超过了人口增长和生产发展的速度。需水量与现有资源量之间的差距不断缩小。地球上每年排出的废水总量，估计为4 000多亿吨，而世界来水量以全球径流量计为46.8万亿立方米。所谓"水荒"正是与此有关。地球上的水资源是有限的。为了解决地球上淡水不足的问题，首先必须珍惜现有的水资源，防止它们被污染和枯竭；加强水资源开发利用中的自然保护措施。

如今，我国有许多人口密集的城市和居住区出现地下水降落漏斗，地面发生沉降，供水紧张。以北京的水危机为例，北京多年平均年降水595毫米，年可用水资源总量43.33亿立方米（包括入境水量），人均水资源不足300立方米，仅为全国的1/8、世界的1/30，远远低于国际公认的1 000立方米的缺水下限，属于严重缺水地区，也是世界上最严重缺水的大城市之一。

北京地表水资源少，依赖境外来水的官厅、密云两大水库上游来水不断减少，水质逐渐恶化。由于上游地区用水增加和近年来干旱少雨，两岸来水量已由20世纪50年代的年均31.3亿立方米减少到90年代的12亿立方米，且来水衰减的趋势越来越明显。同时，日益严重的水污染和水土流失加剧了水库水质恶化和淤积。官厅水库淤积已达6.5亿立方米，水质长年超过五类标准，到1998年已不能作为生活饮用水源。密云水库水质也有恶化的趋势。

水问题是自然保护综合措施中最主要问题之一。在20世纪中叶，遍及全世界的科技革命将这一问题提到了全球的高度。现代科学技术的进步，经济的飞速发展，首先是人为作用、人口骤增以及社会原因、经济管理方式等，都是引起水问题产生的原因。

目前许多国家规定了防止水资源污染和枯竭的措施。我国也有成功地实现保护各种自然资源的范例，其中包括水资源的保护和利用。大的江河都制定了用水、管水的长远措施。许多河流的净化工作已经开始，从而使情况有了好转。

知识点

冰　川

　　冰川或称冰河，是指大量冰块堆积形成如同河川般的地理景观。在终年冰封的高山或两极地区，多年的积雪经重力或冰河之间的压力，沿斜坡向下滑形成冰川。受重力作用而移动的冰河称为山岳冰河或谷冰河，而受冰河之间的压力作用而移动的则称为大陆冰河或冰帽。两极地区的冰川又名大陆冰川，覆盖范围较广，是冰河时期遗留下来的。

　　冰川是地球上最大的淡水资源，也是地球上继海洋以后最大的天然水库。

延伸阅读

水净化的方式

　　水净化是指从原水中除去污染物的净化过程，其目的是以特定的程序达到把水净化的效果，并用水作不同的用途。

　　水净化方式主要有：

　　沉砂池：一般设在泵站和沉淀池之前。平流沉砂池（最常用）、曝气沉砂池（曝气除砂一体，可使沉砂中的有机物含量降至5%以下）。

　　隔油池：自然上浮法去除可浮油的设施。平流式隔油池、斜板式隔油池。

　　沉淀池根据池内水流方向分为（3种）：平流沉淀池、辐流式沉淀池、竖流沉淀池。

　　酸性废水的中和药剂：石灰、石灰石、氢氧化钠。

　　碱性废水的中和药剂：工业盐酸。优点是反应产物的溶解度大，泥渣量小，但出水溶解固体浓度高。

　　化学沉淀：废水中的中重金属离子、碱土金属（钙、镁）、某些非重金属（砷、氟、硫、硼）采用化学沉淀处理过程去除。

　　化学沉淀工艺过程：投加化学沉淀剂；固液分离；泥渣处理和回收利用。

　　浮选法：主要用于处理废水中靠自然沉降或上浮难以去除的浮油或相对密

度接近于1的悬浮颗粒。包括气泡产生、气泡与颗粒附着以及上浮分离等连续过程。

消毒剂主要有（5种）：氯气、臭氧、紫外线、二氧化氯和溴。

水中磷一般3种形式：正磷酸盐（可被生物直接吸收）、聚合磷酸盐（水解为正磷酸盐，过程速度较慢）、有机磷（工业废水的主要成分之一）。

磷的去除方法有：化学沉淀法（加明矾和氯化铁降低水pH，加石灰升高水pH）和生物法（A/O工艺过程、A_2/O工艺过程、活性污泥生物-化学沉淀过程、序批式间歇反应器SBR）。

废水中氮的形式（4种）：有机氮（溶解态、颗粒态，溶解态有机氮主要以尿素和氨基酸的形式存在）、氨、亚硝酸盐、氮气。

控制氮含量的方法（4种）：

生物硝化-反硝化（无机氮延时曝气氧化成硝酸盐，再厌氧反硝化转化成氮气）；

折点氯化（二级出水投加氯，到残余的全部溶解性氯达到最低点，水中氨

北极冰川

氮全部氧化）；

选择性离子交换；

氨的气提（二级出水pH提高到11以上，使铵离子转化为氨，对出水激烈曝气，以气体方式将氨从水中去除，再调节pH到合适值）。

每种方法氮的去除率均可超过90%。

●水资源可持续性开发利用 ----------------------

水资源可持续利用是为保证人类社会、经济和生存环境可持续发展对水资源实行永续利用。

可持续发展的观点是20世纪80年代在寻求解决环境与发展矛盾的出路中提出的，并在可再生的自然资源领域相应提出可持续利用问题。其基本思路是在自然资源的开发中，注意因开发所致的不利于环境的副作用和预期取得的社会效益相平衡。

在水资源的开发与利用中，为保持这种平衡就应遵守供饮用的水源和土

水资源

地生产力得到保护的原则，保护生物多样性不受干扰或生态系统平衡发展的原则，对可更新的淡水资源不可过量开发使用和污染的原则。

因此，在水资源的开发利用活动中，绝对不能损害地球上的生命支持系统和生态系统，必须保证为社会和经济可持续发展合理供应所需的水资源，满足各行各业用水要求并持续供水。

为适应水资源可持续利用的原则，在进行水资源规划和水工程设计时应使建立的工程系统体现如下特点：

天然水源不因其被开发利用而造成水源逐渐衰竭；

水工程系统能较持久地保持其设计功能，因自然老化导致的功能减退能有后续的补救措施；

对某范围内水供需问题能随工程供水能力的增加及合理用水、需水管理、节水措施的配合，使其能较长期保持相互协调的状态；

因供水及相应水量的增加而致废污水排放量增加时，需相应增加处理废污水能力的工程措施，以维持水源的可持续利用效能。

水资源可持续利用的有效途径：

1.实施气候工程

对水资源的开发利用，要拓展思路，广开水源挖掘潜力，过去只强调对地表水和地下水的开发利用，很少注意向天要水，而大气水则是众水之源，是地表水和地下水的主要来源，要解决水资源短缺问题，除了要合理开发利用好地表水和地下水外，还要充分考虑向天上借水，实施气候工程，以弥补水资源的不足。根据气候变化特点，不失时机地进行人工降雨。在雨洪季节，实行"蓄、疏、导、调"措施，建设小型水库、水坝、水窖，把雨水拦截在当地，除水害、兴水利、化害为利，把雨水转换成可有效利用的水资源。

2.节约每一滴水

在积极开发利用水资源的同时，应高度重视水资源的节约与保护，要开源节流并重。**根据水资源状况**，一要因地制宜，以水定地，合理布局工农业

生产，达到水资源的合理配置，综合开发；二要采用先进技术，实行科学用水，计划用水，不但要科学利用地表水，合理开发地下水，还要有效使用天上水，提高水的综合利用率；三要划定和保护饮用水源区，尤其是重点城市水源区和农村水源保护地；四要大力宣传节约用水，提高全民节水意识，建立节水农业、节水企业、节水型社会生产体系，并制定相关的政策、措施和可持续利用的指标体系，确保节约用水，合理用水。

3.积极进行水污染防治

水污染已经有目共睹，已到了岌岌可危的程度，非治理不可了。一方面对已经污染的水域要积极治理，多种措施并行，这是治标。二是要积极保护尚未曾被污染的水域，避免重蹈覆辙，从根上保护水体，这是治本。

4.大力开展生态水资源建设

植树种草，绿化荒山荒坡，大力营造农田防护林带，建设城镇生态风景林带和河渠、道路、村镇四旁绿化林带等，做到治水与治山相结合，生物措施与工程措施相结合，充分发挥森林植被的涵养水源、蓄水保墒、防风固沙、减少入河泥沙、调节气候等生态作用，保护水资源，合理开发利用水资源。

知识点

人工降雨

人工降水，是根据不同云层的物理特性，选择合适时机，用飞机、火箭向云中播撒干冰、碘化银、盐粉等催化剂，使云层降水或增加降水量，以解除或缓解农田干旱、增加水库灌溉水量或供水能力，或增加发电水量等。我国最早的人工降雨试验是在1958年，吉林省这年夏季遭受到60年未遇的大旱，人工降雨获得了成功。

目前人工增雨主要有两种方法。一种是用飞机把干冰等冷却剂撒播到云中，使云内温度显著下降，细小的水滴冰晶迅速增多加大，迫使它下降形成降水。而另一种是利用火箭、炮弹把化学药剂打向高空，轰击云层产生强大的冲击波，使云滴与云滴发生碰撞，合并增大成雨滴降落下来。

延伸阅读

植被与水源涵养

绿化是水源涵养的主要技术措施之一。植被素有"绿色水库"之称，具有涵养水源、调节气候的功效，是促进自然界水分良性循环的有效途径之一。

植被之所以能够涵养水源，主要有以下几个原因：

1. 林冠截留雨（雪）水；

2. 枯枝落叶层吸收水分；

3. 林地土壤蓄渗降水。

除此之外，森林还具有缩小温差，使气候变化趋向和缓，增加空气湿度的作用。植树种草应注意因地制宜和加强管理。因地制宜是指根据当地的水土条件选择适宜的植物种类和正确的种植方法。许多地区植树种草效果不明显，其关键是忽视了植物对生态环境选择这一基本条件。

植　被

此外，缺乏管理，不讲效果也是植树成活率不高的原因之一。我国水土保持工作的实践证明，小流域治理是改善生态条件、涵养水源的有效方法。

●解决水危机的策略 ————————————————

在不久的将来，除传统的供水水源河流、湖泊和地下水外，人类将要通过其他一些途径获取水资源，其中包括利用极地的冰。

一些西方学者把很大的希望寄托在海水淡化上。但是，从北极地带或南极地带运冰及利用冰在技术上是很复杂的，任何一个设计都不是合算的。海水淡化在科威特应用得相当广泛。然而，在没有其他水源的地方，尽管淡化是得到饮用水最可取的方法，但连专家也不敢保证可用淡化水的方法代替传统的供水方法。

国外一些学者认为，必须对现有的水资源从利用和保护的观点进行根本的重新审核。为了避免目前在美国和西欧发生的、将来地球上其他地区也要

河 流

发生的水危机，应该立即着手解决水的问题。主要措施是尽量减少向河流、湖泊和地下水排放废水及改变陆地的水量平衡。在合理利用水资源的过程中，保护水资源是预防地球上"水荒"的途径。

普遍减少并在将来停止向河流中排放废水是一项代价很高，但完全可以实现的措施。这种措施预示着会有经济效益。对提出彻底停止向河流及其他蓄水设施中排放废水问题的美国、法国、德国和其他国家的学者和专家们的建议应该给予应有的评价。

最根本的办法是建立工业企业供水的封闭循环系统，以便使废水不返回水体中。20世纪80年代，前苏联废水排放量是供水量的一半以上。但是，有一定数量的废水仍需要利用。特别有害的废水必须经过预先处理后再进行地下埋藏、天然蒸发或人工蒸发。如果蒸发的同时能生产出蒸汽和收集到被溶解的物质，那么蒸发成本便可降低。在一个化学纤维工厂，采用在沉淀池内处理废水的方法，避免了排放许多吨硫酸钠、硫酸等。这个工厂得到的经济效益每年超过约3.7万美元。

生活饮用和工业利用后的大量废水，可以用于土地灌溉。利用废水进行灌溉，首先，可以减少对河流、湖泊和地下水的开采量；其次，能实现通过土壤法使废水除害，以达到有效净化水质的目的。由于微生物很多，这是最完善的方法；第三，可以大大提高农业的产量。这种灌溉土地的收获量比未灌溉土地的收获量高数倍。因此，用这种方法利用废水的费用，经过4～5年后便可收回。

部分公共生活污水经过净化后可以重复用于工业和工业冷却水。在德国的某些工业中心，这些污水从净化系统输出后首先用于工艺加工，而后用于冷却。在俄罗斯，利用各种废水供水的封闭系统最早是在工业区使用的。例如，在纸板厂完全消除了工业废水的排放，淡水需要量减少了2/3。从该厂净化系统中每年收集到近400吨以前污染河流的纤维，并重新用于生产。

西方一些国家在水资源保护上还存在问题，即人们通常所说的"走了一

些弯路"。主要表现在：一方面是污水处理设备落后；另一方面是产生工业废水的企业往往在投产后，并且周边的自然环境被污染以后，才兴建污水处理系统等。因此，有科学根据地规划建造污水处理系统，制定废水排放的极限允许浓度和定额，对所有企业都是十分重要的。

提高水费是一项重要措施。捷克、斯洛伐克等一些国家的经验表明，控制公共事业需水量能使污水量及相应的污水排放量减少1/2～2/3。莫斯科水源保护监察机构的计算表明，莫斯科每立方米水的价格为4戈比，只是在超量用水时价格才增到20戈比，而国内其他一些地区则增到65戈比。低价供水无助于水资源的经济利用，甚至在许多情况下不能补偿国家供水费用。

在灌溉中耗费了特别多的多余的水。如果这种状况能够改变，那么用水量至少会降低1/4。在我国灌溉水的利用率只有0.4左右，提高灌溉水的利用率潜力很大。

除保护和节约水资源之外，改变陆地水量平衡（包括管理自然界中的水循环）是对解决水问题的重要贡献。这种管理的目的是靠不太贵重的河流径流（主要是洪水径流）来增加最可用的几种水资源（包括所谓的稳定的径流，即地下径流及受水库调节的径流）及土壤水分储量。这里也包括从富水区调水来保证干旱区的用水，例如，我国的南水北调。

改变地球水量平衡，调节水量分配的基本措施是人工补给（储存）地下水和利用水利工程措施调节河流径流以及增加土壤水分的储量。上述措施中的后两种措施自然会引起蒸发量有一定的增加。这就表明，储存地下水比调节地表径流优越。

除改变自然界中的水循环之外，将靠淡化矿化水（海水和地下水）、融化冰川等办法来增加用于供水的水资源。总之，需水量的增加将对内陆水文循环产生良好的影响，能增强水分的"循环"，也能增加地球上的淡水资源。

由于科学、技术及社会的进步，在不久的将来定能普遍解决水的问题。不论拟定的措施多么复杂，实现这些措施是能解决人类这一最重要的水问题

地下水

的；因此，在这方面的一切努力都是正确的。

工业废水是我国水环境的最大污染源，必须予以正视。对工业污染源的治理应作为水污染防治的重点。要采取各种技术措施保护水环境质量，彻底解决已经污染了的水资源，使污水资源化。

除了积极预防水污染外，对已经污染了的水资源的治理也是决不可缺少的。这些废水都需妥善治理。治理的目的是使废水的水质改善，保护水体环境不受污染，或使污水资源化被重新利用。因此，治理和预防是同样积极的措施和不可缺少的。尤其是在许多江河湖泊已经受到严重污染的现实条件下，对水污染的防治就更应受到重视。

知识点

海水淡化

海水淡化即利用海水脱盐生产淡水。是实现水资源利用的开源增量技术，可

以增加淡水总量，且不受时空和气候影响，水质好、价格渐趋合理，可以保障沿海居民饮用水和工业锅炉补水等稳定供水。

现在所用的海水淡化方法有海水冻结法、电渗析法、蒸馏法、反渗透法，目前应用反渗透膜的反渗透法以其设备简单、易于维护和设备模块化的优点迅速占领市场，逐步取代蒸馏法成为应用最广泛的方法。

📚 延伸阅读

我国的南水北调工程

南水北调是缓解我国北方水资源严重短缺局面的重大战略性工程。我国南涝北旱，南水北调工程通过跨流域的水资源合理配置，大大缓解我国北方水资源严重短缺问题，促进南北方经济、社会与人口、资源、环境的协调发展，从20世纪50年代提出"南水北调"的设想后，经过几十年研究，南水北调的总体布局确定为：分别从长江上、中、下游调水，以适应西北、华北各地的发展需要，即南水北调西线工程、南水北调中线工程和南水北调东线工程。建成后

淮 河

与长江、淮河、黄河、海河相互联接，将构成我国水资源"四横三纵、南北调配、东西互济"的总体格局。

东线工程：利用江苏省已有的江水北调工程，逐步扩大调水规模并延长输水线路。东线工程从长江下游扬州抽引长江水，利用京杭大运河及与其平行的河道逐级提水北送，并连接起调蓄作用的洪泽湖、骆马湖、南四湖、东平湖。出东平湖后分两路输水：一路向北，在位山附近经隧洞穿过黄河；另一路向东，通过胶东地区输水干线经济南输水到烟台、威海。东线工程开工最早，并且有现成输水道。

中线工程：从丹江口大坝加高后扩容的汉江丹江口水库调水，经陶岔渠首闸（河南淅川县九重镇），沿豫西南唐白河流域西侧过长江流域与淮河流域的分水岭方城垭口后，经黄淮海平原西部边缘，在郑州以西孤柏嘴处穿过黄河，继续沿京广铁路西侧北上，可基本自流到终点北京。中线工程主要向河南、河北、天津、北京4省市沿线的20余座城市供水。中线工程已于2003年12月30日开工，计划2013年年底前完成主体工程，2014年汛期后全线通水。

西线工程：在长江上游通天河、支流雅砻江和大渡河上游筑坝建库，开凿穿过长江与黄河的分水岭巴颜喀拉山的输水隧洞，调长江水入黄河上游。西线工程的供水目标主要是解决涉及青、甘、宁、内蒙古、陕、晋6省（自治区）黄河上中游地区和渭河关中平原的缺水问题。结合兴建黄河干流上的骨干水利枢纽工程，还可以向邻近黄河流域的甘肃河西走廊地区供水，必要时也可及时向黄河下游补水。截至目前，还没有开工建设。

规划的东线、中线和西线到2050年调水总规模为448亿立方米，其中东线148亿立方米，中线130亿立方米，西线170亿立方米。整个工程将根据实际情况分期实施。